spss와 jamovi를 이용하여

회귀분석과 친해지기

정병삼 저

도서출판 양서각

저자 소개

정병삼

University of Virginia 박사(Ph.D. in Research, Statistics, & Evaluation)

現 육군3사관학교 심리학과 교수

저서

군 교육훈련관리자를 위한 교수/학습의 이해(공저, 양서각, 2013)

군 교육훈련관리자를 위한 교육이론과 실제(양서각, 2017)

jamovi를 이용한 사회과학연구 시리즈#1(양서각, 2022)

jamovi를 이용한 사회과학연구 시리즈#2(양서각, 2023)

jamovi를 이용한 사회과학연구 시리즈#3(양서각, 2024)

논문

초기 청소년들이 교사와의 관계에서 지각하는 신뢰와 친밀감의 발달궤적 등 다수

머리말

본서는 spss와 jamovi를 이용하여 누구나 쉽게 회귀분석의 기초에서 심화 분석까지 따라할 수 있도록 안내하는 데 목적을 두었다. 회귀분석은 사회과학 분야뿐 아니라 자연과학, 의학, 공학 등 다양한 분야에서 사용하는 통계분석 기법이다. spss와 jamovi는 회귀분석 기초에서부터 고급분석까지 모두 가능한데, spss는 유료인데, jamovi는 오픈소스 및 무료 프로그램이어서 누구나 부담 없이 접근할 수 있다.

본서에서는 초보 연구자도 두려움 없이 시작할 수 있도록 상관분석부터 시작하여 로지스틱스 회귀분석까지 차근차근 안내했다. 데이터는 주로 교육학, 심리학, 사회복지 등 사회과학분야의 예시를 사용했지만, 경제학, 이공학 분야에도 얼마든지 응용이 가능할 것이다.

본서가 나오기까지 출판, 교정을 맡아주신 양서각 관계자 분들께 감사드리고, 독자 여러분들의 건설적인 피드백을 수렴하여 향후 더 좋은 서적을 집필할 것을 약속드린다.

2025. 7. 30

저자 씀

목 차

01 상관분석

1.1 상관분석의 개념

사회과학이나 자연과학 연구에서는 한 변수와 다른 변수가 어떤 관계를 나타내는지에 대해 관심을 가지는 경향이 있다. 예를 들어, 부모의 지능과 자녀의 지능은 어떤 관계를 나타내는지, 스트레스 수준과 성취도는 어떤 관계를 가지는지 등에 관심을 가질 수 있다. 자연현상 연구에서도 관계에 대해 다양한 관심을 가질 수 있다. 예를 들어, 바람의 세기와 세탁물이 건조되는 시간, 외부 기온과 차량 연료의 소모 등은 일상생활에도 영향을 주는 현상들이다.

상관이란 두 가지 이상의 변수들이 변화하는 경향성이라고 볼 수 있다. 예를 들어, 학습시간이 증가하거나 감소함에 따라서 학업성취도가 변화하는 정도를 수량화시킬 수 있다. 이렇듯 상관(correlation)은 두 가지 변수가 동시에 변화하는 정도라고 볼 수 있고(성태제, 2020), 인과관계(causal relationship)를 규명하기 위한 하나의 조건이 될 수 있어서 중요한 현상이다. 다만 상관을 바로 인과관계 오해할 수 있는데, 상관이 있다는 것은 인과관계의 조건 중 하나일 뿐 그 자체로 인관관계를 나타내는 것은 아니다. 예를 들어, 산에 수목이 울창한 정도와 산불의 빈도는 관계가 있는 것으로 보일 수 있으나 수목이 산불의 원인이라고 말할 수는 없다. 왜냐하면, 산불은 공기의 건조한 정도, 등산객의 출입 빈도, 바람의 세기, 낙뢰 등 매우 다양한 요인이 복합적으로 작용하는 것이고, 수목이 울창한 정도는 산불의 피해 정도에 영향을 줄 수는 있지만 모든 산불의 원인이라고 단정할 수는 없기 때문이다.

상관분석은 두 변수가 서로 영향을 주고받는 상호관계로 이해하는 것이

더욱 보편적이다. 예를 들어서, 스트레스와 성취도의 관계는 어느 한 가지 변수가 영향을 준다기보다 이전의 성취도가 스트레스에 영향을 주고, 스트레스가 다시 성취도에 영향을 주는 상호관계로 이해할 수 있다. 물론 실험설계를 적용하여 모든 변수를 완벽하게 통제한 상태에서 한 가지 변수를 조절하여 다른 변수의 변화 정도를 측정할 수 있다면 이때의 상관관계는 인과관계로 해석할 수도 있다.

1.2 산포도(scatter plot)

산포도(散布圖)는 두 변수가 가지는 관계의 특성을 알아보기 위해 X축에 한 변수, Y축에 다른 변수를 설정하고, X값이 변화할 때 Y값이 만나는 점을 좌표 공간에 도식하는 것이다. 산포도를 그리면 두 변수가 보이는 관계의 방향(+/-), 관계의 정도, 선형성(linearity) 등을 판단할 수 있는데, 이러한 정보는 이후 회귀분석에도 중요한 참고자료가 된다.

산포도에서 나타나는 두 변수 간 관계의 양상은 (1) 완벽한 정적(+) 상관, (2) 정적 상관, (3) 완벽한 부적(-) 상관, (4) 부적 상관, (5) 무상관, (6) 곡선형 상관 등으로 나타날 수 있다. 완벽한 정적 상관이거나 부적 상관일 경우 상관계수 값이 +1 또는 -1이고, 무상관일 경우 상관계수 값이 0이며, 곡선형 상관의 경우 상관계수 자체는 매우 낮아서 의미 없는 관계로 보일 수 있으나, X값의 구간을 나눠서 상관계수를 구하면 의미 있는 정보를 얻을 수 있다.

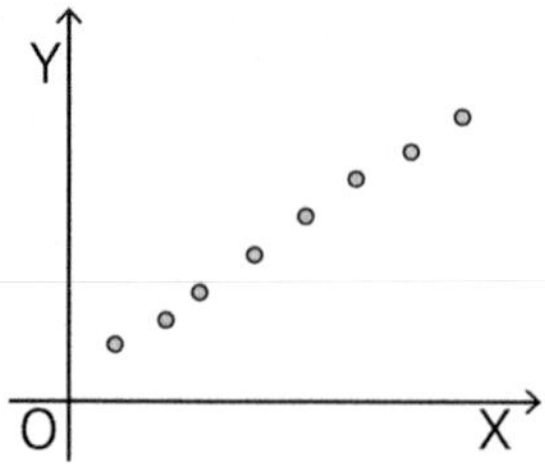

(1) 완벽한 정적 상관

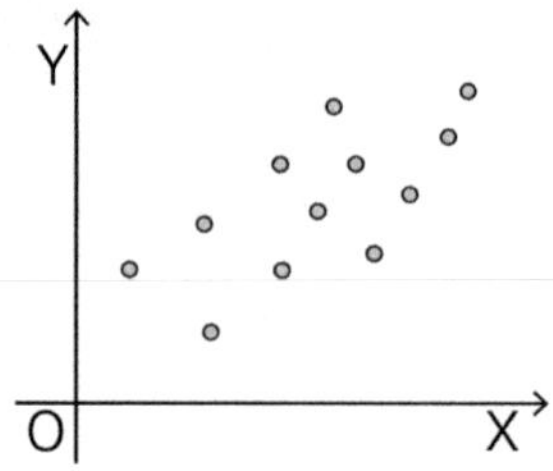

(2) 정적 상관

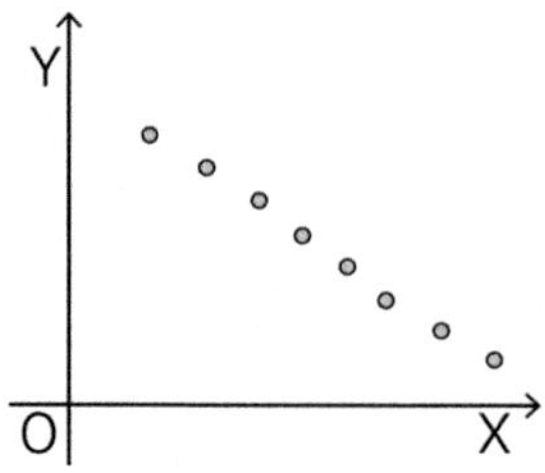

(2) 완벽한 부적 상관

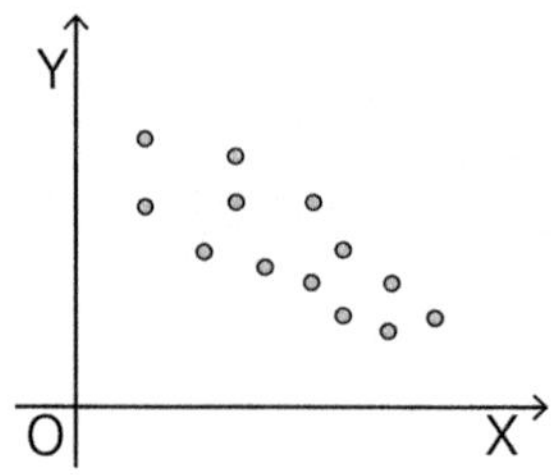

(4) 부적 상관

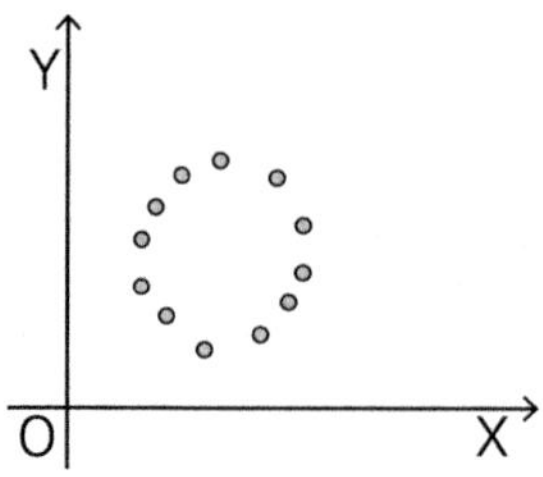

(5) 무상관

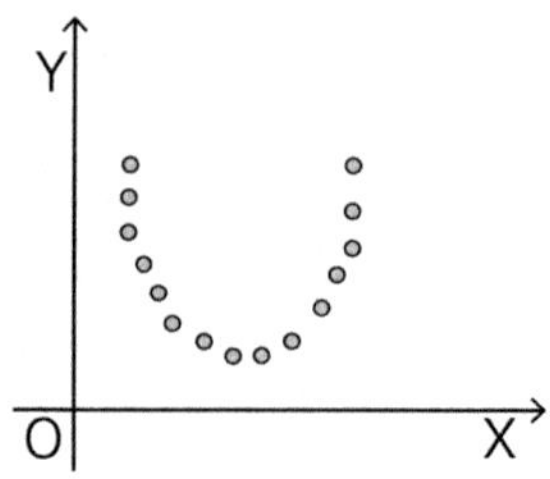

(6) 곡선형 상관

출처: https://studentwork.prattsi.org/infovis/labs/history-of-scatterplots-a-timeline/

아래는 spss와 jamovi에서 산포도를 도식하기 전에 수집한 대학생 10명의 자존감과 학업성취도 원점수이다. 먼저 spss에서 산포도를 도식하고, 이어서 jamovi에서 도식하는 것을 소개한다.

학생	자아존중감(X)	학업성취도(Y)
1	2	4
2	3	5
3	4	7
4	3	6
5	3	6
6	4	8
7	2	4
8	4	6
9	2	4
10	5	8
평균(M)	3.20	5.80
표준편차(SD)	1.03	1.54

1.2.1 spss에서 산포도 그리기

위의 데이터를 가지고 spss에서 산포도를 그리기 위해서는 spss를 실행하고, 프로그램 창 아래 두 가지 탭을 확인한다.

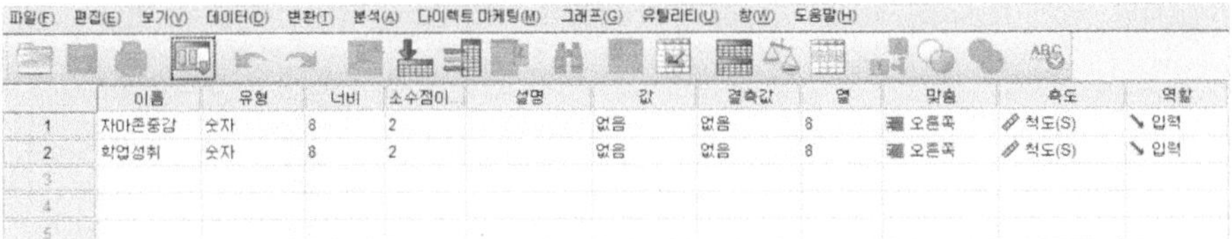

먼저 변수 보기 탭을 누른 뒤 변수 이름을 입력하고, 측도에는 척도(scale)을 입력한다. 이어서 데이터 보기 탭을 누른 후 위에 제시된 데이터를 입력한다.

다음으로 메뉴에서 그래프 → 레거시 대화상자 → 산점도/점도표를 클릭한다.

대화상자가 열리면 단순 산점도를 선택하고, 하단의 '정의'탭을 클릭한다. 그러면 대화상자가 나타난다.

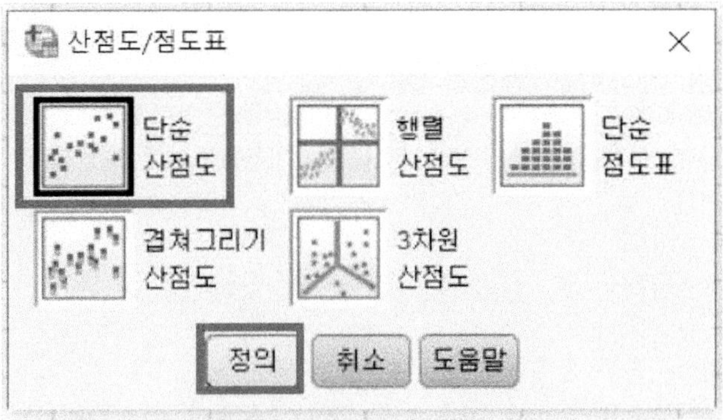

대화상자가 열리면 Y축에는 학업성취를 지정하고, X축에는 자아존중감을 지정한 후 확인을 클릭한다.

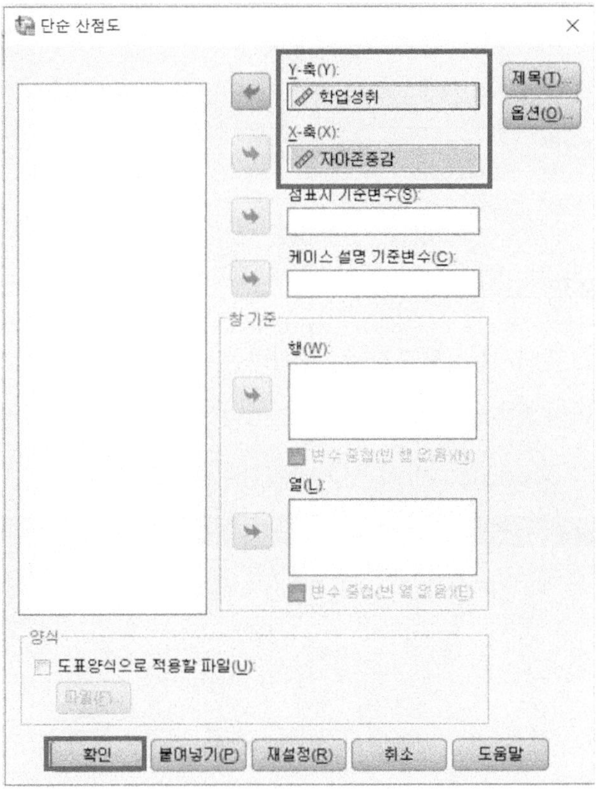

그러면 아래와 같은 산포도를 얻게 되는데, 이를 살펴보면 자아존중감이 증가할수록 학업성취도가 상승하는 양상을 볼 수 있다.

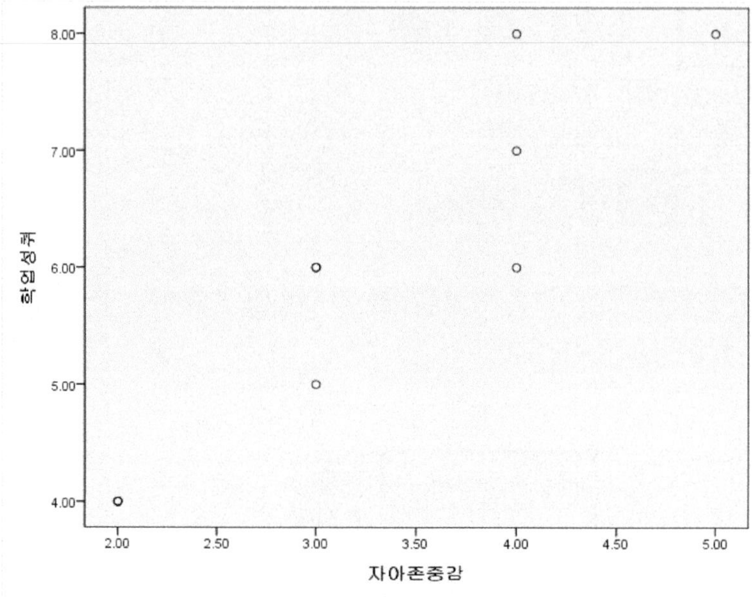

1.2.2 jamovi에서 산포도 도식하기

jamovi의 기본프로그램에서는 산포도를 도식하는 기능이 없으므로 jamovi library에서 받아야 한다. 이를 위해서 jamovi → Analyses를 열고, 상단 우측에 있는 Modules 아이콘을 클릭한다.

jamovi library가 열리면 scatr → Scatterplot을 클릭한다.

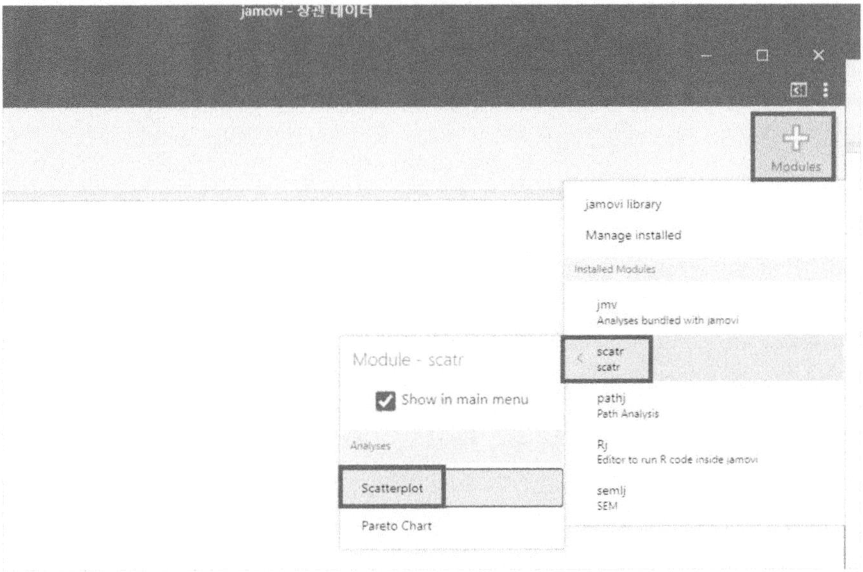

Scatterplot의 대화창이 열리면 X축에 자아존중감, Y축에 학업성취도를 보낸다.

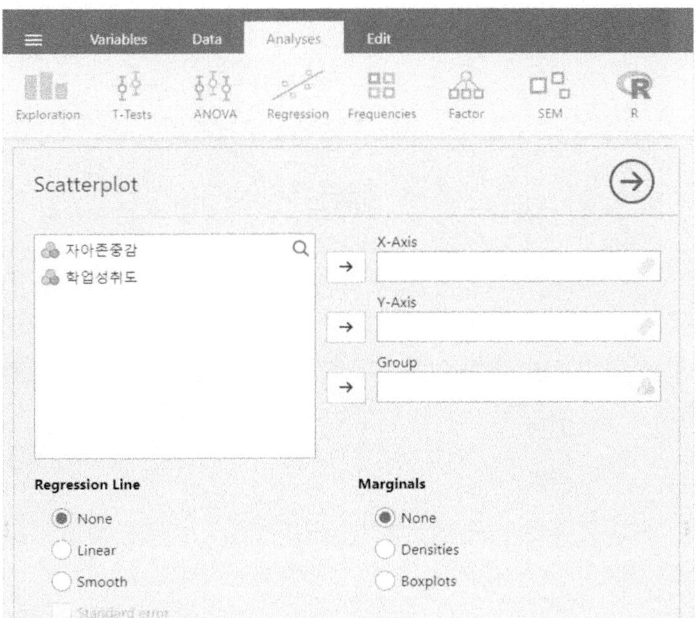

대화창 오른편에 산점도가 나타난다.

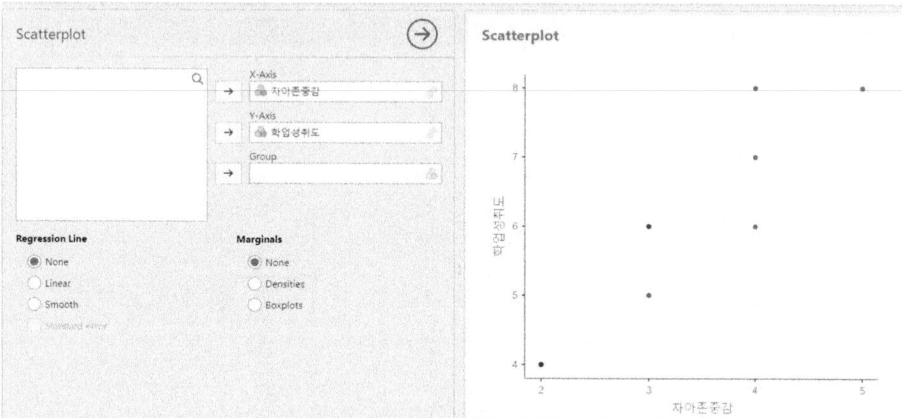

만약 회귀선을 도식하고 싶다면, 대화창 아래 Regression Line의 옵션 탭에서 Linear를 클릭한다.

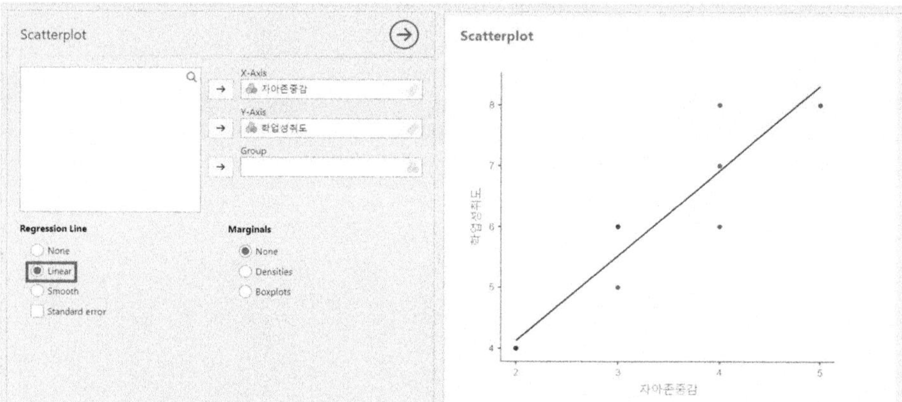

도식한 회귀선을 살펴보면 자아존중감과 학업성취도는 높은 정적 상관이 있는 것을 확인할 수 있다.

1.3 공분산(covariance)

공분산은 X변수가 변화할 때 Y변수가 변화하는 분산의 크기를 의미한다. 그리고 빈도분석에서 다루었듯이 분산(variance)은 한 변수가 평균(mean)을 중심으로 흩어진 정도를 의미한다. 앞서 제시한 데이터에서 자아존중감(X)과 학업성취도(Y)의 분산을 구하는 공식은 다음과 같다.

$$s_X^2 = \frac{\Sigma(X_i - \overline{X})^2}{n} = 1.07$$

$$s_Y^2 = \frac{\Sigma(Y_i - \overline{Y})^2}{n} = .99$$

같은 원리로 공분산을 구할 때는 X와 Y값의 편차를 곱하고, 이것을 사례수로 나누면 되는데, 공분산을 구하는 공식은 아래와 같다.

$$s_{XY} = \frac{(X_i - \overline{X})(Y_i - \overline{Y})}{n}$$

1.3.1 spss에서 공분산 산출하기

spss에서 공분산을 산출하기 위해서는 spss를 실행하고, 분석 → 상관계수 → 이변량상관계수를 클릭한다.

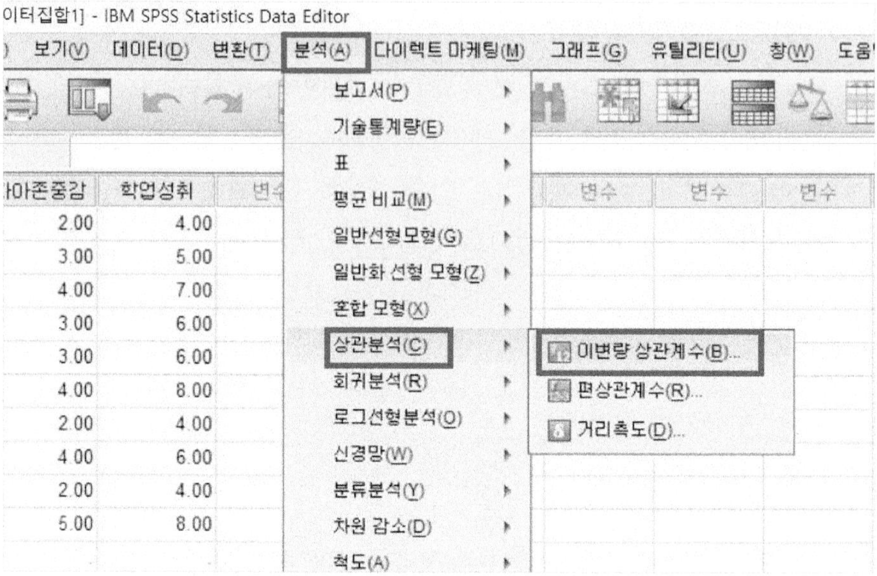

대화창이 열리면 변수창에 자아존중감과 학업성취도 변수를 보내고, 상관계수 종류에서 Pearson을 선택하고, 옵션탭을 클릭한다.

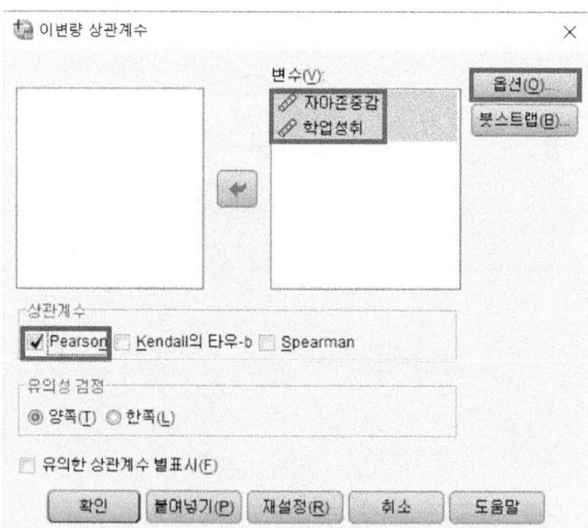

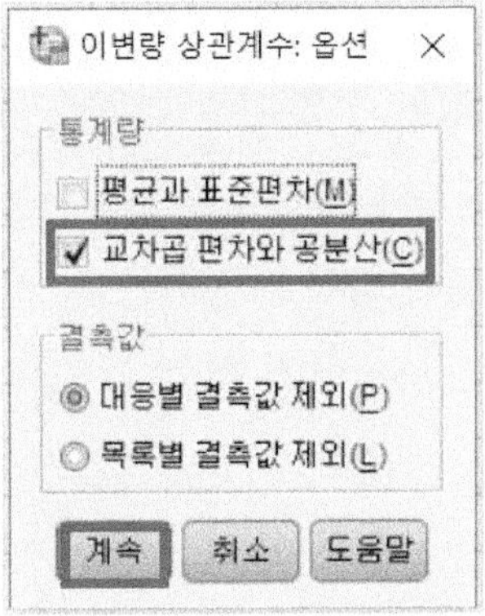

옵션탭에서 교차곱 편차와 공분산을 선택하고, 계속을 클릭하고, 확인을 누른다.

		자아존중감	학업성취
자아존중감	Pearson 상관계수	1	.931
	유의확률 (양쪽)		.000
	제곱합 및 교차곱	9.600	13.400
	공분산	1.067	1.489
	N	10	10
학업성취	Pearson 상관계수	.931	1
	유의확률 (양쪽)	.000	
	제곱합 및 교차곱	13.400	21.600
	공분산	1.489	2.400
	N	10	10

그 결과를 살펴보면 자아존중감과 학업성취의 자아존중감의 공변산 또는 공변량은 1.49로 산출되었다.

1.4 적률 상관계수(Pearson r)

상관계수(correlation coefficient)는 두 변수가 변화하는 정도를 나타내는데 앞선 공분산은 그 범위가 -∞에서 +∞로 매우 커서 통계적으로 다루기가 불편한 점을 보완할 수 있다. 즉, 상관계수는 원자료에 일정한 수를 더하거나 빼도 그 값이 변하지 않는 지역독립성이 있고, 일정한 수를 곱하거나 나누어도 상관계수는 일정하게 유지되는 척도독립성을 가지고 있다. 이것을 바꿔 말하면 Pearson의 적률상관계수 r은 원자료에 일정한 수를 가감승제(+, -, ×, ÷)해도 변화하지 않는 장점을 가지고 있기 때문에 공분산보다 상관을 나타내는 지수로 더 자주 사용된다. 적률상관계수를 산출하는 공식은 두 변수의 공분산을 각 변수의 표준편차를 곱한 값으로 나누어준 것이다.

$$r_{XY} = \frac{s_{XY}}{s_X s_Y}$$

상관계수는 두 변수가 함께 변화하는 정도와 방향을 나타내는데, 변화의 정도는 절대값 0~1 사이의 크기로 알 수 있고, 변화의 방향은 상관계수 앞의 +, - 부호로 알 수 있다. 즉, 상관계수가 양수일 경우 두 변수는 같은 방향으로 변화하는 것이고, 상관계수가 음수일 경우는 역의 방향으로 변화하는 것이다.

상관계수는 그 자체로 인과관계(causal relationship)를 나타내지 않고, 통상 상호관계(interactive relationship) 해석하는 것이 타당하다. 상관계수의 강도를 해석하는 것에도 절대적인 기준은 없으나 사회과학 연구에서는 통상 상관계수의 절대값이 .40미만이면 '낮음'으로, .40 ~ .60은 '보통'으로, .80이상 이면 '높음'으로 표현한다(성태제, 2020).

1.4.1 spss에서 Pearson r 구하기

먼저 spss에서 적률상관계수를 구하기 위해서 spss를 실행한 후 데이터를 불러온다.

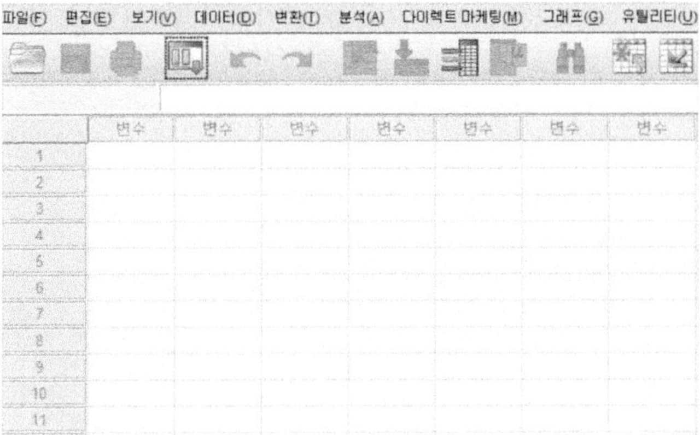

이어서 파일 → 열기 → 데이터를 클릭한다.

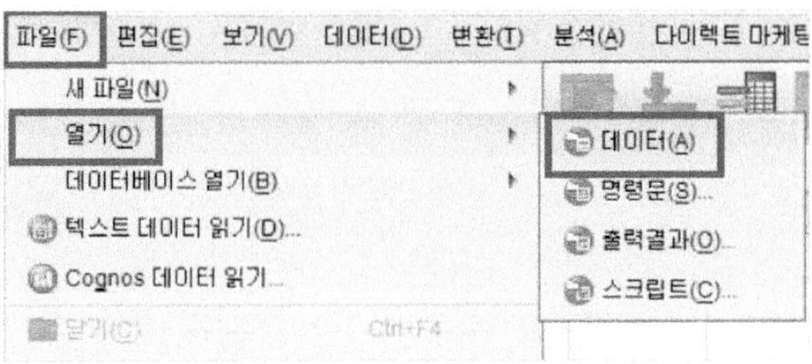

데이터 창이 열리면 데이터가 입력되어 있는 엑셀파일을 선택하고, 열기를 클릭한다.

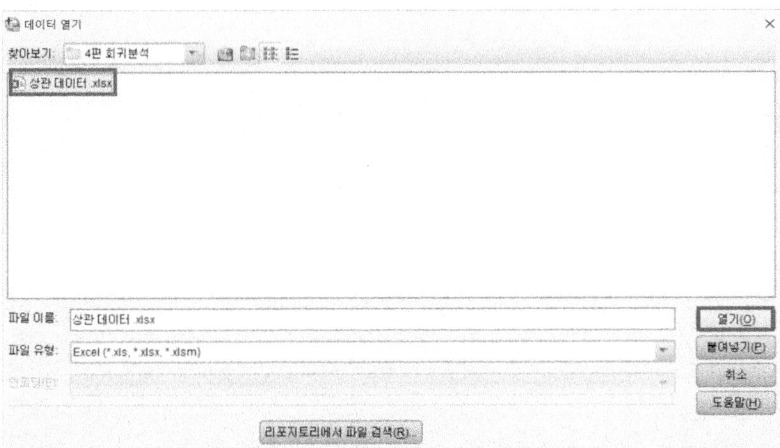

데이터가 열리면 '데이터 첫 행에서 변수 이름 읽어오기'가 선택된 상태로 확인을 클릭한다.

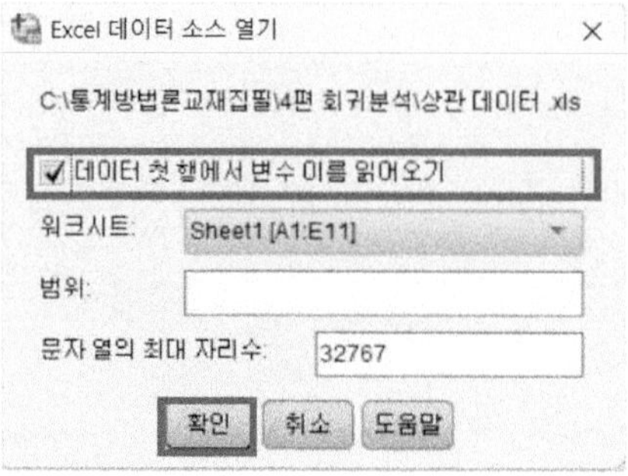

데이터가 열리면 분석 → 상관분석 → 이변량 상관계수를 클릭한다.

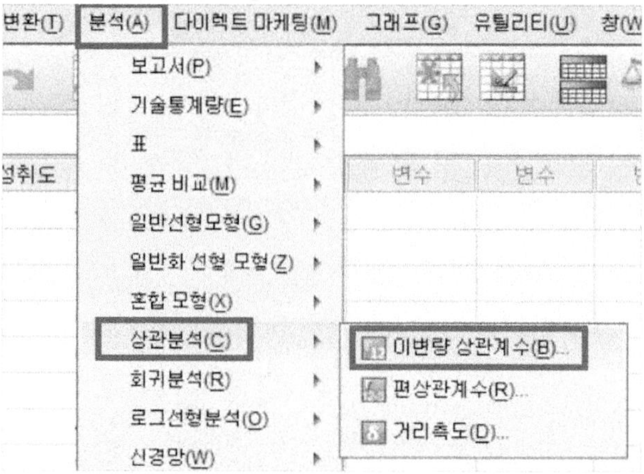

상관분석 대화창이 열리면 자아존중감과 학업성취도를 분석 변수에 보내고, 디폴트값인 Pearson, 유의한 상관계수 별표시 등을 체크된 상태로 두고, 확인을 클릭한다.

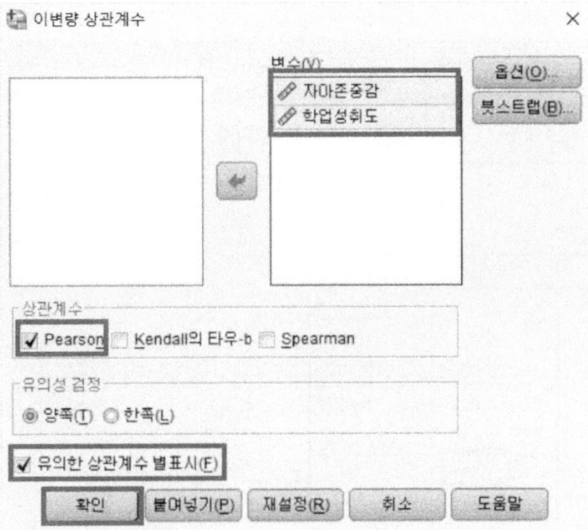

이변량 상관계수: 옵션에서 평균과 표준편차, 교차곱 편차와 공분산 등을 선택한 후 계속을 클릭한다.

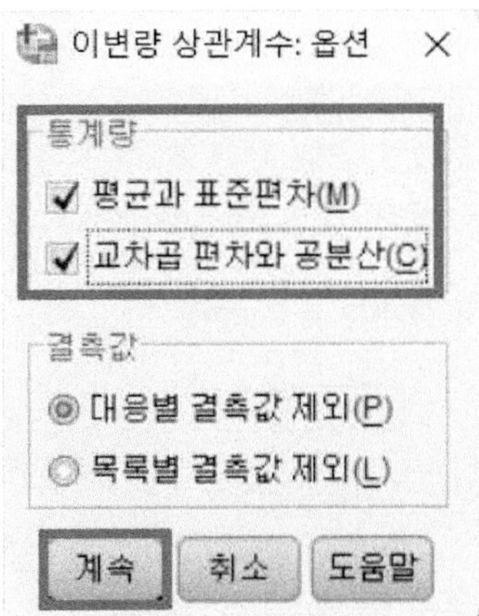

결과를 살펴보면 기술통계량이 산출되고, 자아존중감과 학업성취도의 Pearson 적률상관계수는 .93이며 유의수준 .01수준에서 유의미하게 나타났다. 사회과학의 일반적인 해석 기준으로 볼 때 매우 높은 상관을 보였다.

기술통계량

	평균	표준편차	N
자아존중감	3.20	1.033	10
학업성취도	5.80	1.549	10

상관계수

		자아존중감	학업성취도
자아존중감	Pearson 상관계수	1	.931**
	유의확률 (양쪽)		.000
	제곱합 및 교차곱	9.600	13.400
	공분산	1.067	1.489
	N	10	10
학업성취도	Pearson 상관계수	.931**	1
	유의확률 (양쪽)	.000	
	제곱합 및 교차곱	13.400	21.600
	공분산	1.489	2.400
	N	10	10

**. 상관계수는 0.01 수준(양쪽)에서 유의합니다.

1.4.2 jamovi에서 Pearson r 구하기

jamovi에서 적률상관계수를 구하기 위해서 먼저 jamovi를 실행한 후 Open → Browse를 클릭하고, 원자료가 있는 엑셀파일을 찾는다.

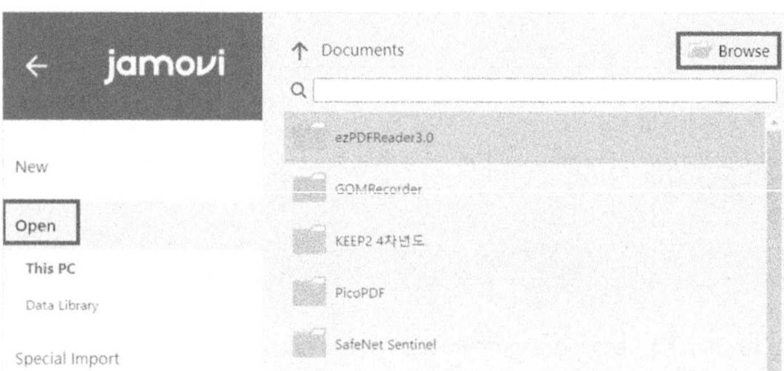

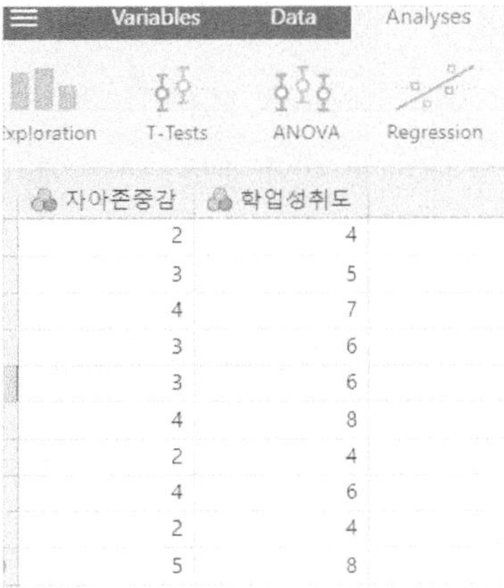

데이터가 열리면 변수를 더블클릭하여 Measure type을 Continuous로 지정한다.

이어서 Analyses → Regression → Correlation Matrix를 클릭한다.

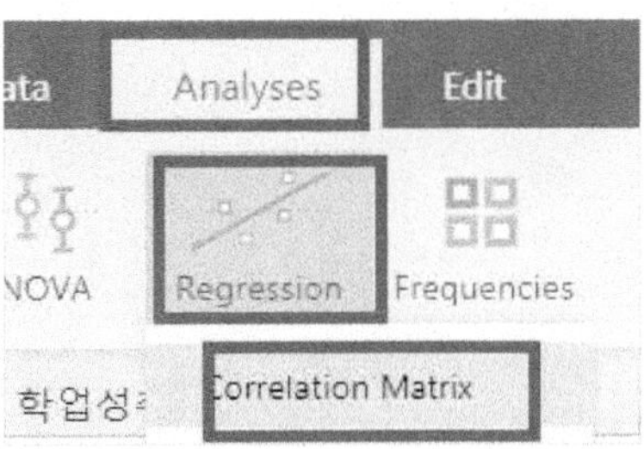

Correlation Matrix 대화창이 열리면 자아존중감과 학업성취도를 분석변수 창으로 보내고, 아래 옵션에서 Pearson, Report significance, Flag significant correlations, N 등을 클릭한다. 아래 Plot 선택에서 Correlation matrix를 클릭한다.

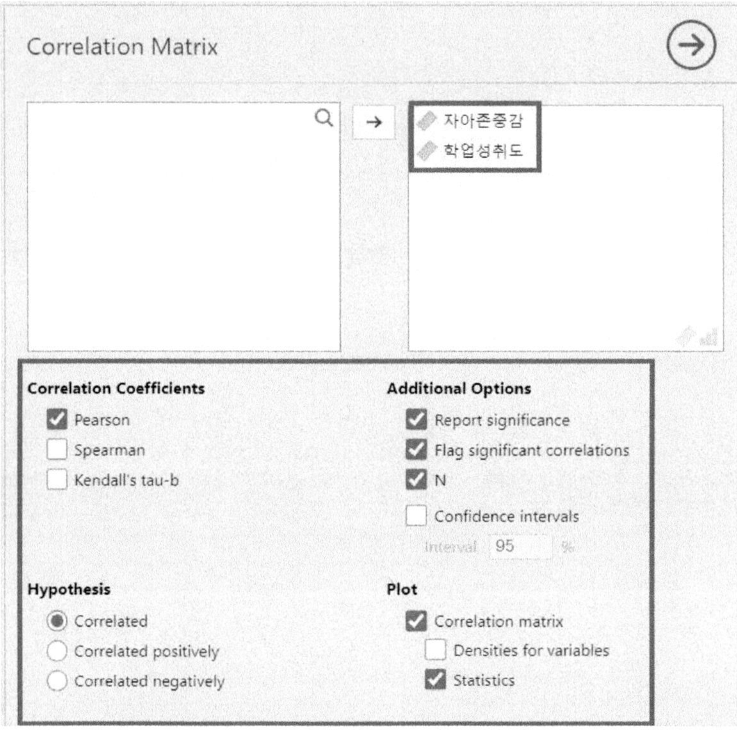

우측 결과창을 살펴보면 Pearson 적률상관계수와 Correlation Plot이 제시되어 있다.

Correlation Matrix

Correlation Matrix

		자아존중감	학업성취도
자아존중감	Pearson's r	—	
	df	—	
	p-value	—	
	N	—	
학업성취도	Pearson's r	0.931 ***	—
	df	8	—
	p-value	< .001	—
	N	10	—

Note. * p < .05, ** p < .01, *** p < .001

Pearson 적률상관계수는 spss에서 분석한 결과값과 동일한 .093이 나왔고, 유의수준 .001에서 통계적으로 유의미하다.

Plot을 살펴보면 자아존중감이 증가함에 따라서 학업성취도 역시 상승하는 정적 상관을 잘 보여준다.

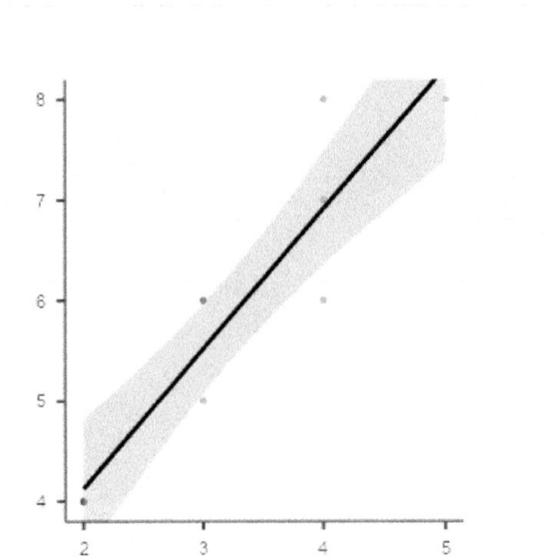

1.5. 기타 상관계수

Pearson 적률상관계수는 두 변수가 연속변수이고 정규분포라는 가정하에 모수(ρ)를 추정한다. 그러나 변수는 명목, 서열 등 비연속변수인 경우가 있으므로 이러한 데이터에 적용할 수 있는 다양한 기타 상관계수가 개발되었다.

1.5.1 Spearman **등위 상관계수**(rank-order correlation coefficient)

등위 상관계수는 두 변수가 서열을 나타내는 변수일 때 사용할 수 있다. 예를 들어, 영어 등수와 국어 등수라는 변수가 있을 때는 Pearson의 적률상관계수를 사용하면 정규분포 가정이 위배되어 상관계수가 왜곡되기 때문에 Spearman의 등위 상관계수를 산출한다. 아래 가상의 자료를 제시했다.

사례	영어 등수	국어 등수
1	2	3
2	4	4
3	6	5
4	8	9
5	3	2
6	5	6
7	7	8
8	9	7
9	1	1
10	10	10

1.5.1.1 spss**에서** Spearman **등위 상관계수 구하기**

spss에서 등위상관계수를 구하기 위해서 spss를 실행하고, 파일 → 열기 → 데이터를 클릭하고, 엑셀파일로 저장된 데이터를 불러온다.

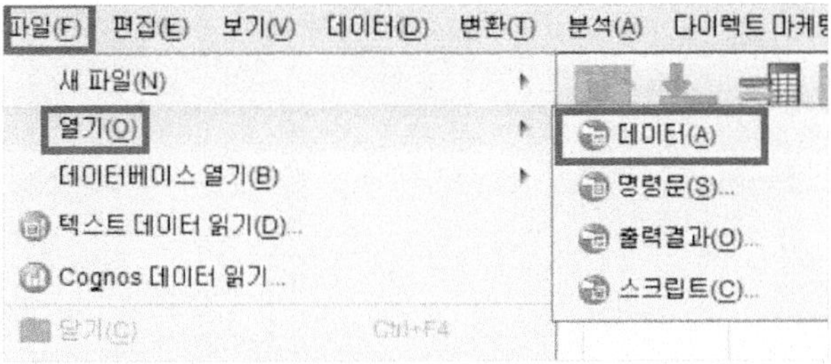

파일유형에서 Excel(*xls)을 클릭하고, 해당 데이터 파일을 클릭한다.

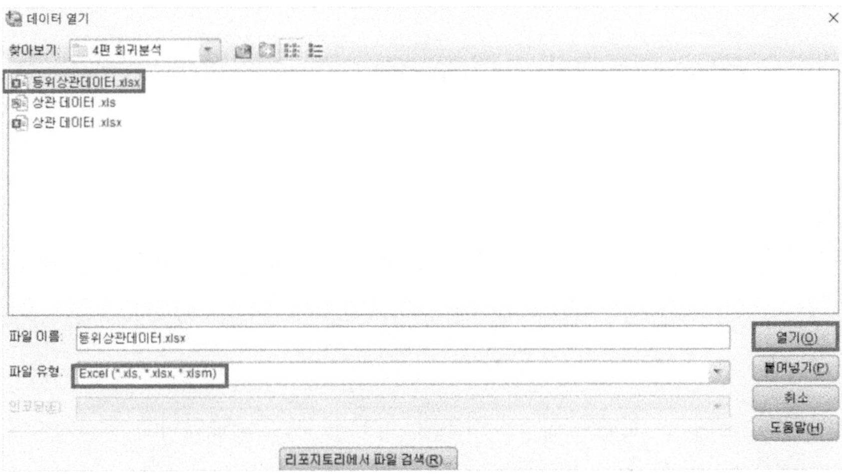

Excel 데이터 소스가 열리면 '데이터 첫 행에서 변수 이름 읽어오기'를 선택하고, 확인을 클릭한다.

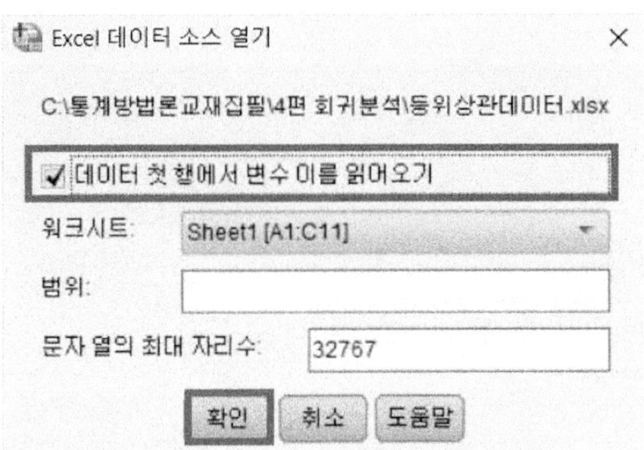

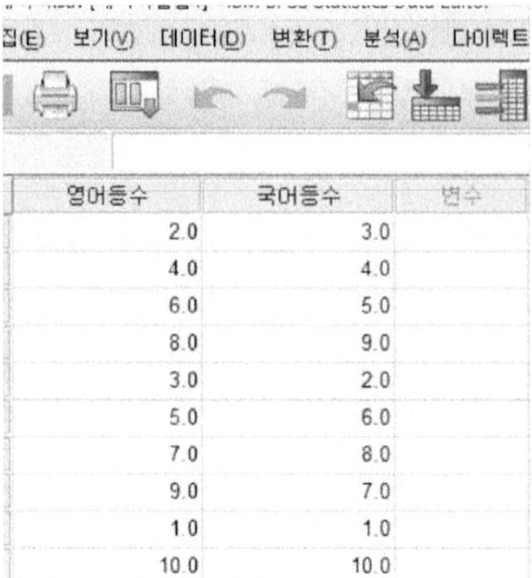

데이터가 열리면 변수보기 탭을 클릭하고, 변수의 측도를 순서로 지정한다.

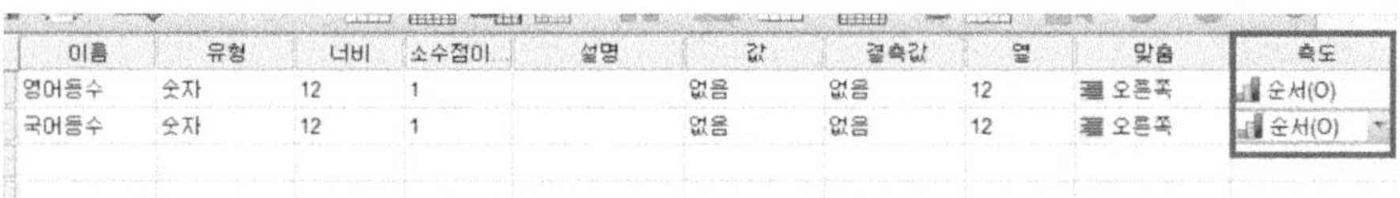

이어서 분석 → 상관분석 → 이변량 상관계수를 클릭한다.

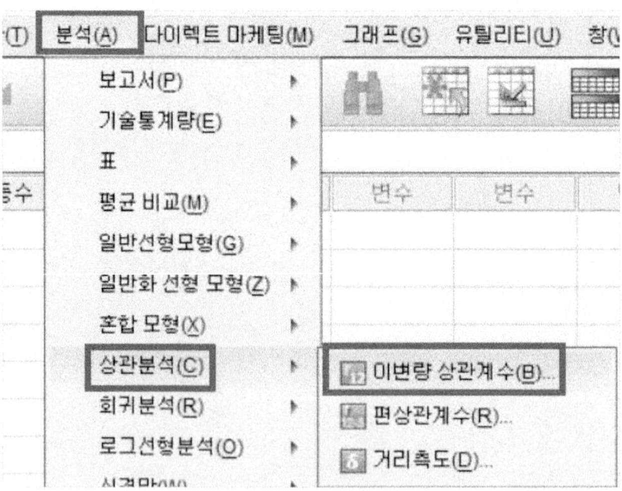

이변량 상관계수의 대화창이 열리면 영어등수와 국어등수 데이터를 변수창에 보내고, Spearman을 선택한 후, 확인을 클릭한다.

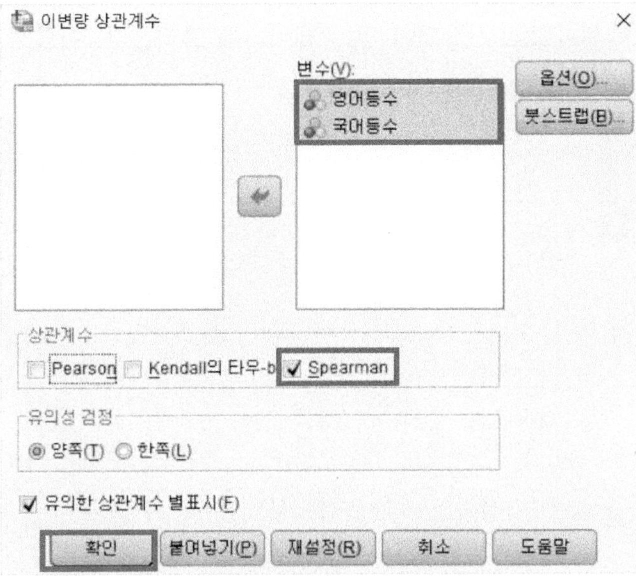

결과를 살펴보면 영어등수와 국어등수의 Spearman 상관계수는 .94로 유의수준 .001에서 유의미하게 나타났다.

상관계수

			영어등수	국어등수
Spearman의 rho	영어등수	상관계수	1.000	.939**
		유의확률(양측)	.	.000
		N	10	10
	국어등수	상관계수	.939**	1.000
		유의확률(양측)	.000	.
		N	10	10

**. 상관 유의수준이 0.01입니다(양측).

1.5.1.2 jamovi에서 Spearman 등위 상관계수 구하기

다음으로 jamovi에서 Spearman 등위 상관계수를 구하기 위해서는 jamovi를 실행하고 엑셀파일로 저장되어 있는 데이터를 불러온다. 이를 위해 jamovi → Open → Browse를 클릭한다.

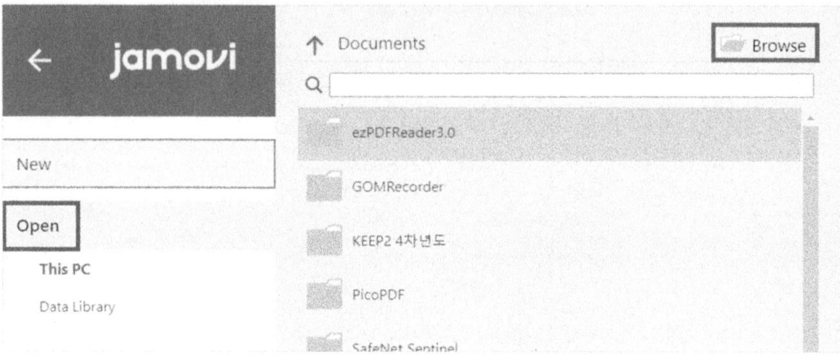

데이터 형식에서 spss를 지정하고, 데이터를 불러온다.

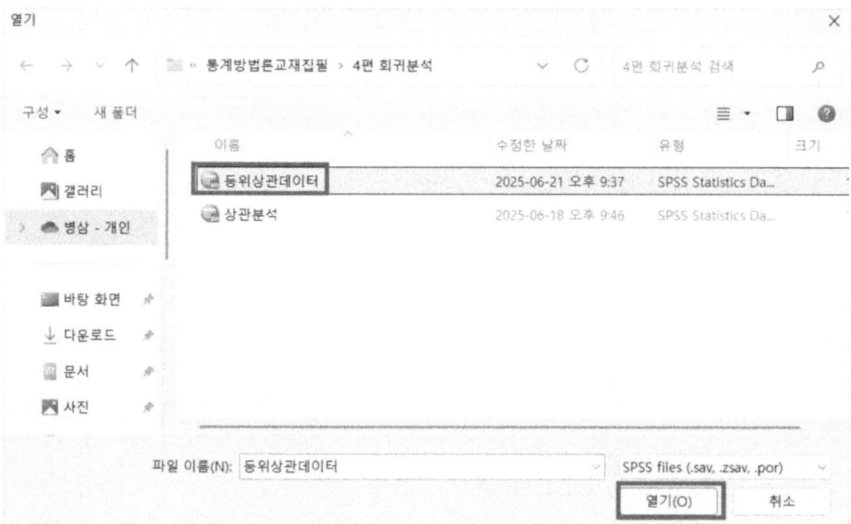

데이터가 열리면 Analyses → Regression → Correlation Matrix를 클릭한다.

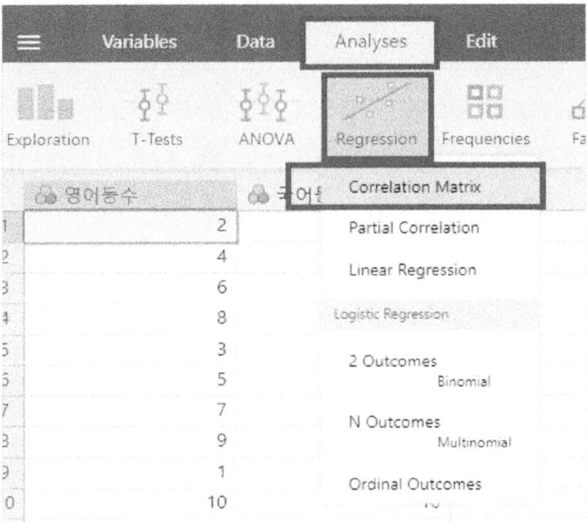

대화창이 열리면 영어 등수와 국어 등수를 분석창으로 보내고, 아래 Correlation Coefficient 옵션에서 Spearman을 선택한다.

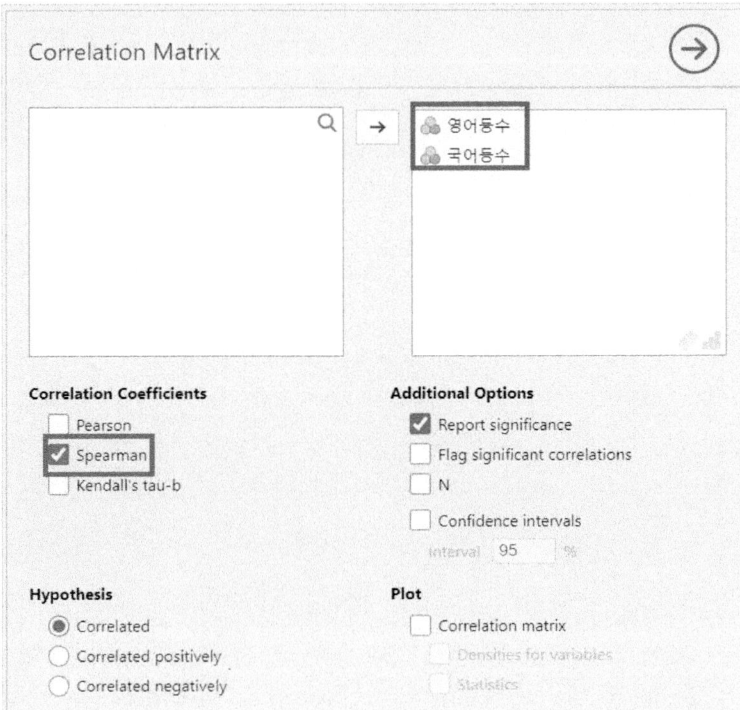

결과를 살펴보면 Spearman 상관계수는 .94로 유의수준 .001에서 유의미하게 나타났다.

Correlation Matrix

		영어등수	국어등수
영어등수	Spearman's rho	—	
	df	—	
	p-value	—	
	N	—	
국어등수	Spearman's rho	0.939 ***	—
	df	8	—
	p-value	< .001	—
	N	10	—

Note. * p < .05, ** p < .01, *** p < .001

02 단순 회귀분석(Simple Regression Analysis)

2.1 단순 회귀분석의 개념

단순 회귀분석이란 하나의 종속변수에 대해서 한 개의 독립변수의 영향을 분석하는 방법인데, 예측하는 변수는 예측변인(predictor)이라고 하고, 예측되는 변수를 준거변인(criterion)이라고 한다. 단순회귀분석의 기본가정으로는 선형성, 등분산성, 자료의 연속성 등이 있는데, 단순 회귀분석을 시행하기 전에 두 변인의 산포도를 그려서 관계의 양상을 살펴보면 기본가정이 충족되는지 알 수 있다. 선형성은 두 변수의 관계를 직선으로 표시할 수 있는지를 보여주는 가정이다. 또 등분산성은 독립변수 X의 한 점에 대응하는 종속변수 Y의 값들이 균등하게 분포해야 한다는 가정이며, 자료의 연속성은 X나 Y의 값이 중간에 단절되지 않고 이어져 있어야 한다는 가정이다.

단순 회귀분석은 X값이 변화함에 따라서 Y값이 변화하는 정도를 파악하고, 예측할 수 있는데, 이를 일차 회귀방정식으로 표현할 수 있다.

$$Y = aX + b$$

α는 직선의 기울기를 나타내는데, α가 클수록 X가 한 단위 증가할수록 Y값의 변화도 크다. 또한 α의 부호가 +이면 X, Y값이 정비례하고, -이면 X, Y값은 반비례 한다.

2.2 단순회귀분석의 목적

단순회귀분석은 먼저 예측을 위해 시행하는데, 독립변수(예측변인) X의 값으로 종속변수(준거변수)의 값을 예측하는데 목적이 있다. 둘째, X값이 Y

값의 변화량을 설명할 수 있다.

2.3. spss에서 단순회귀분석 실행하기

위에서 제시한 자아존중감과 학업성취 데이터를 이용하여 단순회귀분석을 실행한다. 이를 위해 먼저 spsss를 실행하고, 파일 → 열기 → 데이터를 클릭한다.

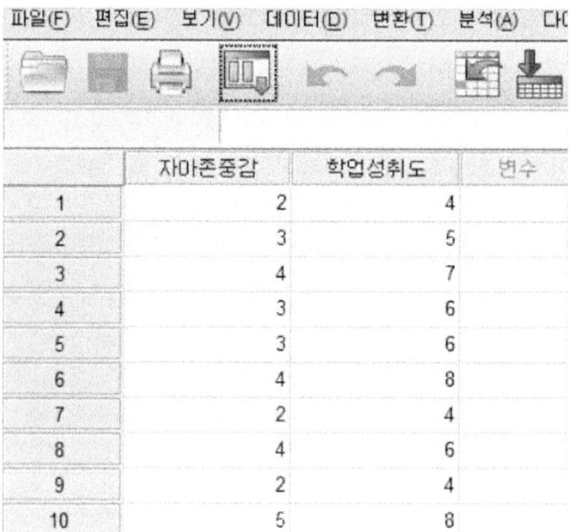

	자아존중감	학업성취도	변수
1	2	4	
2	3	5	
3	4	7	
4	3	6	
5	3	6	
6	4	8	
7	2	4	
8	4	6	
9	2	4	
10	5	8	

데이터가 열리면 분석 → 회귀분석 → 선형을 클릭한다.

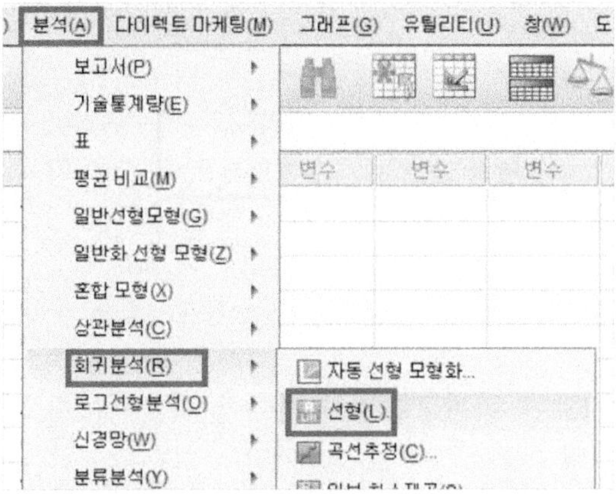

회귀분석 대화창이 열리면 종속변수에는 학업성취도, 독립변수에는 자아존중감을 보내고, 확인을 클릭한다.

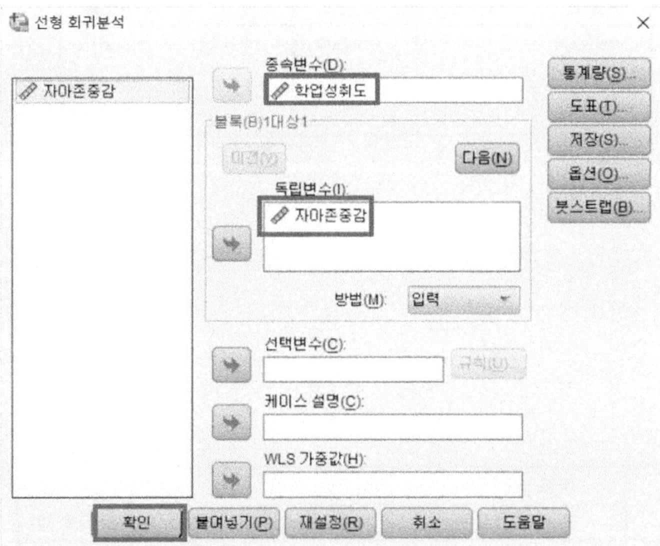

결과치를 살펴보면 먼저 모형 요약에서 R 제곱값을 검토해야 한다. 이 값은 독립변수가 종속변수의 분산을 설명하는 비율로서 0.866으로 산출됐는데, 이것의 의미는 자아존중감이 학업성취 분산의 약 87%를 설명한다는 의미로서 사회과학 연구의 기준에서 볼 때 설명력이 매우 높다(성태제, 2021).

모형 요약[b]

모형	R	R 제곱	수정된 R 제곱	추정값의 표준오차
1	.931[a]	.866	.849	.602

a. 예측값: (상수), 자아존중감

b. 종속변수: 학업성취도

다음으로 분산분석표를 살펴보면 회귀모형은 유의미한 것을 알 수 있다(F1,8=51.67, p<.001).

분산분석[a]

모형		제곱합	자유도	평균 제곱	F	유의확률
1	회귀 모형	18.704	1	18.704	51.672	.000[b]
	잔차	2.896	8	.362		
	합계	21.600	9			

a. 종속변수: 학업성취도

b. 예측값: (상수), 자아존중감

이어서 회귀계수값을 살펴보면 자아존중감의 표준화 회귀계수 β값은 .93으로 나타났고, 회귀계수는 통계적으로 유의미하게 나타났다(t=7.19, p<.001).

계수[a]

모형		비표준화 계수		표준화 계수	t	유의확률
		B	표준오차	베타		
1	(상수)	1.333	.650		2.052	.074
	자아존중감	1.396	.194	.931	7.188	.000

a. 종속변수: 학업성취도

2.4. jamovi에서 단순회귀분석 수행하기

jamovi에서 단순회귀분석을 수행하기 위해 먼저 jamovi를 실행하고, Open → Browse를 클릭하여 데이터를 불러온다.

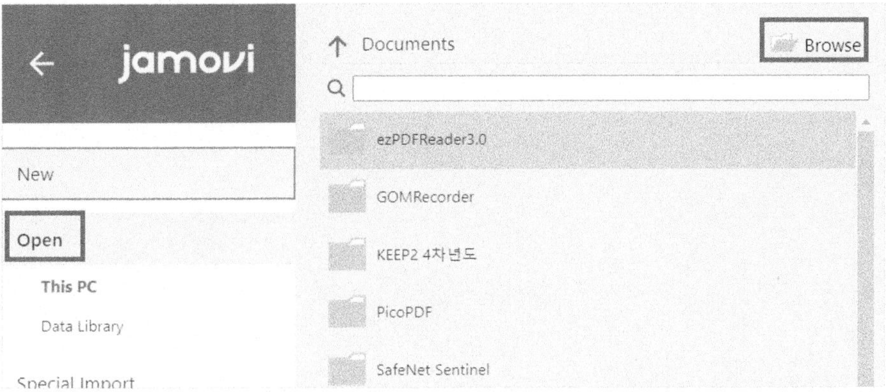

Browse에서 엑셀 형식으로 저장된 데이터를 지정하고, 열기를 클릭한다.

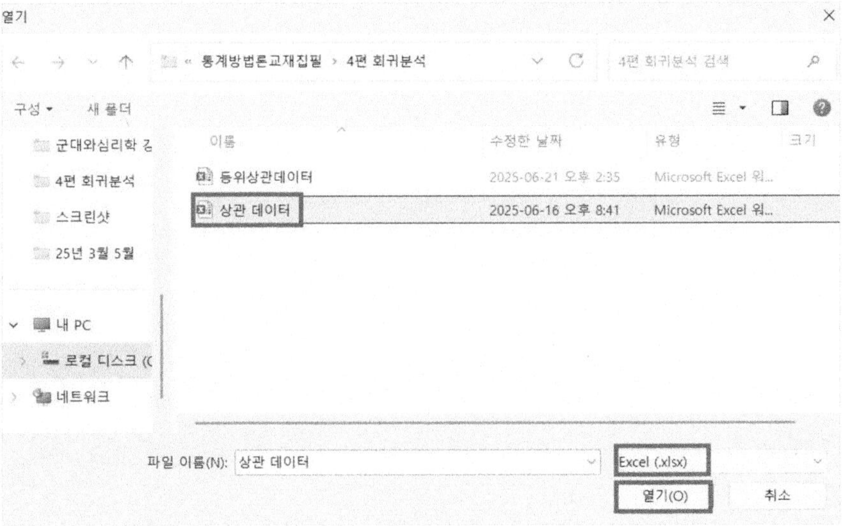

데이터가 열리면 변수명을 더블클릭하여 data의 Measure Type을 Continuous로 변경한다.

이어서 Analyses → Regression → Linear Regression을 클릭한다.

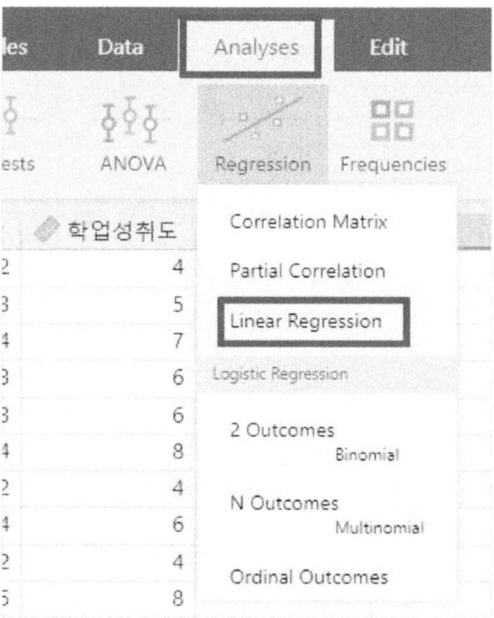

그러면 아래와 같은 Linear Regression 대화창이 열린다.

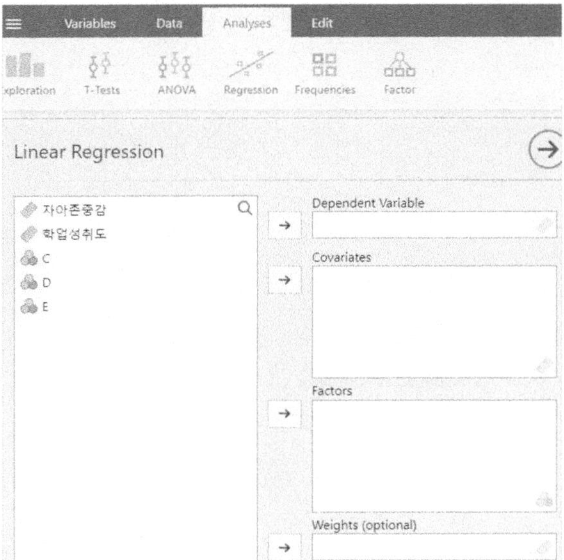

Linear Regression 대화창이 열리면 Dependent Variable에는 학업성취도, Covariates에는 자아존중감을 보낸다.

Regression Analysis 하단의 옵션 항목에서 Omnibus Test ANOVA test를 클릭한다.

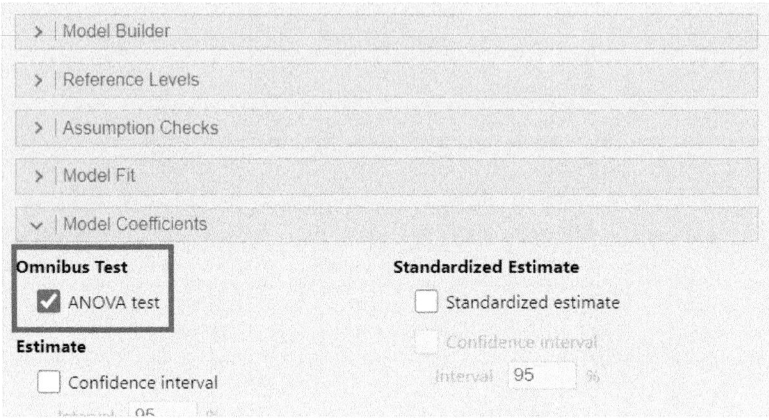

오른쪽 Results에 제시된 output을 살펴보면 R제곱 값은 0.87로서 자아존중감은 학업성취도 변량의 87%를 설명한다.

Model Fit Measures

Model	R	R^2
1	0.931	0.866

Note. Models estimated using sample size of N=10

Omnibus ANOVA Test를 살펴보면 회귀모형은 통계적으로 유의미하게 나타났다($F_{1, 8}$=51.7, $p < .001$).

Omnibus ANOVA Test

	Sum of Squares	df	Mean Square	F	p
자아존중감	18.70	1	18.704	51.7	< .001
Residuals	2.90	8	0.362		

Note. Type 3 sum of squares

Model Coefficients를 살펴보면 자아존중감은 학업성취도를 유의미하게 예측했다(β=1.40, t=7.19, p〈.001).

Model Coefficients - 학업성취도

Predictor	Estimate	SE	t	p
Intercept	1.33	0.650	2.05	0.074
자아존중감	1.40	0.194	7.19	< .001

03 중다 회귀분석(Multiple Regression Analysis)

3.1 중다 회귀분석의 개념

중다 회귀분석이란 하나의 종속변수(준거변수)에 독립변수(예측변수)가 두 개 이상인 회귀모형을 의미한다. 앞선 단순 회귀분석에서는 독립변수가 한 개였는데, 이 경우 종속변수의 변량에 대한 예측력이 높기 어렵다. 중다 회귀분석의 경우 종속변수와 관계가 있는 독립변수를 두 개 이상 회귀모형에 포함하기 때문에 일반적으로 예측변수의 수가 증가할수록 일정 정도는 예측력이 증가한다는 점에서 단순 회귀분석보다 장점이 있다. 중다 회귀분석을 수식으로 표현하면 아래와 같다.

$$Y = a + b_1X_1 + b_2X_2 \dots b_kX_k + e$$

3.2. 중다회귀분석의 목적과 종류

중다회귀분석의 목적은 첫째, 여러 개의 독립변수를 투입하여 종속변수 Y값을 예측하기 위한 것이고, 둘째, 각 독립변수가 종속변수에 미치는 영향력을 확인하기 위해서 사용한다. 셋째, 독립변수 간의 상호작용을 모형에 포함하거나, 통제하는 목적이 있고, 넷째, 개별 독립변수의 영향력보다는 회귀모형의 설명력을 평가하는 데 목적을 둘 수도 있다(Cohen et al., 2003).

중다회귀분석은 독립변수를 투입하는 방법에 따라서 몇 가지로 분류할 수 있다. 첫째, 표준 중다회귀분석(standard multiple regression analysis)은 독립변수의 상대적 중요도를 고려하지 않고 한꺼번에 투입하여 종속변수에 대한 설명력을 분석한다. 둘째, 위계적 회귀분석(hierarchical multiple regression analysis)은 이론적 중요도에 따라서 연구자가 순차적으로 독립변수를 투입하여 종속변수에 대한 설명력을 분석한다. 셋째, 단계적 회귀분석(stepwise multiple regression analysis)은 이론적 근거가 아니라 통계적으로 유의미한 독립변수만을 투입하여 독립변수를 최소화하되 설명력은 최대로 나타내는 회귀모형을 구성하는 방법이다.

3.3. 중다회귀분석 실행을 위한 데이터

중다회귀분석을 위해 학업성취도를 예측하기 위한 독립변수로 자아존중감 이외에 사전학습, 학습시간 등을 추가적으로 제시했다.

사례	학업성취도(Y)	자아존중감(X_1)	사전 지식(X_2)	학습시간(X_3)
1	4	3	4	3
2	5	3	5	4
3	7	4	4	6
4	8	3	5	7
5	9	4	6	8
6	5	4	5	5
7	7	3	3	6
8	2	2	1	1
9	3	2	2	1
10	5	4	4	5
M	5.50	3.20	3.90	4.60
SD	2.22	0.79	1.52	2.37

가상의 데이터는 10명의 학생의 학업성취도(M=5.50, SD=2.22)가 종속변수이고, 자아존중감(M=3.20, SD=0.79), 사전 지식(M=3.90, SD=1.52), 학습시간(M=4.60, SD=2.37) 등이 독립변수이다.

3.4. spss에서 표준 중다회귀분석 실시하기

먼저 spss에서 표준 중다회귀분석을 실시하기 위해서 spss를 실행한다. 표준 중다회귀분석은 모형에 투입된 모든 예측변인이 통계적으로 유의미한지를 규명하려는 목적이고, 변수 사이에 이론적 우위성, 순서 등은 고려하지 않는다. 회귀모형에 투입된 예측변수(설명변수) 사이에 위계성에 대한 이론적, 경험적 근거가 없다면 대부분의 회귀모형은 표준 중다회귀분석에 의해서 해결이 가능하다(문수백, 2016: 758).

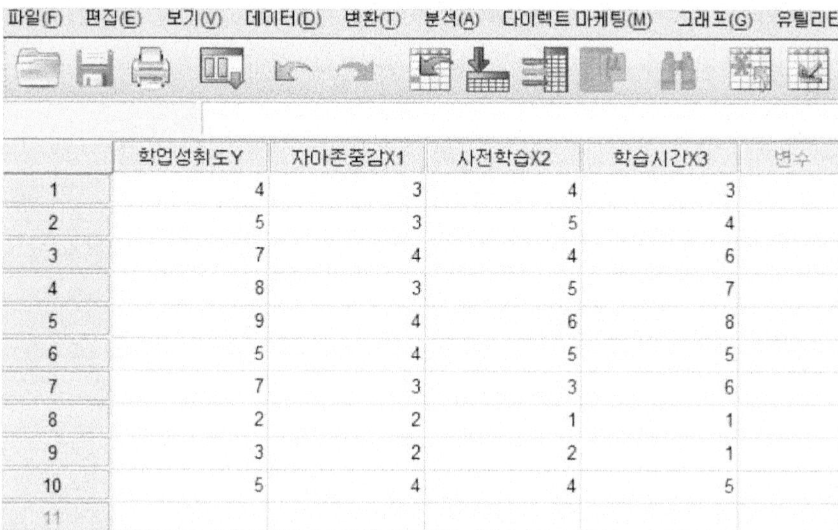

	학업성취도Y	자아존중감X1	사전학습X2	학습시간X3	변수
1	4	3	4	3	
2	5	3	5	4	
3	7	4	4	6	
4	8	3	5	7	
5	9	4	6	8	
6	5	4	5	5	
7	7	3	3	6	
8	2	2	1	1	
9	3	2	2	1	
10	5	4	4	5	
11					

이어서 파일 → 열기 → 데이터를 클릭한다.

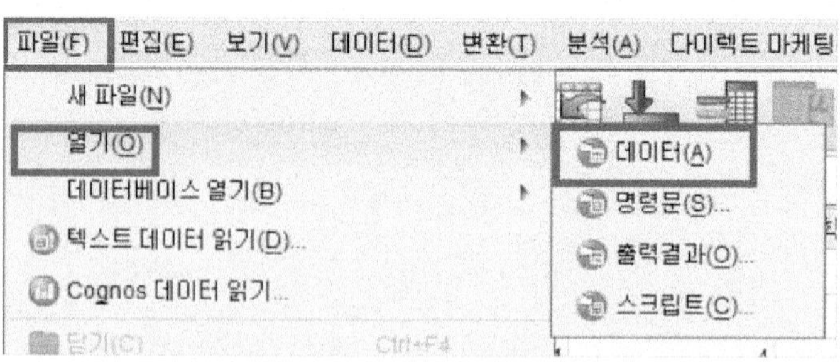

데이터 대화창이 열리면 중다회귀분석 데이터를 지정하고, 열기를 클릭한다.

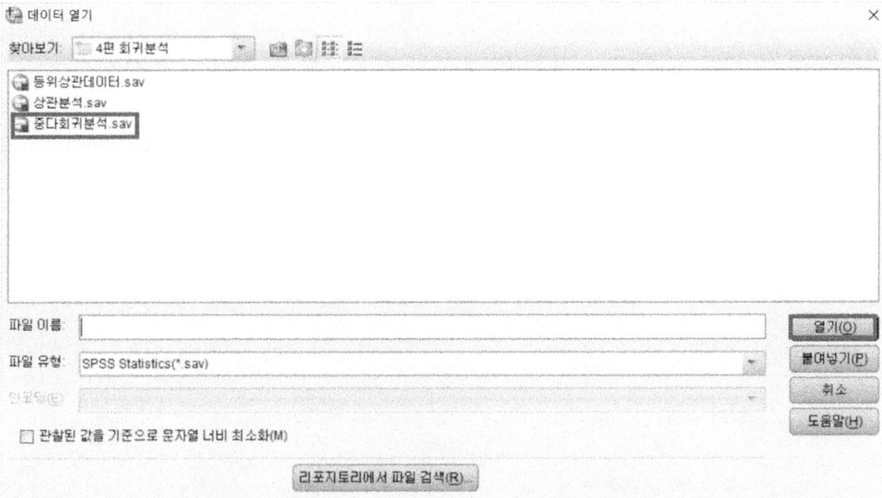

데이터가 열리면 하단에서 변수보기 탭을 클릭한다.

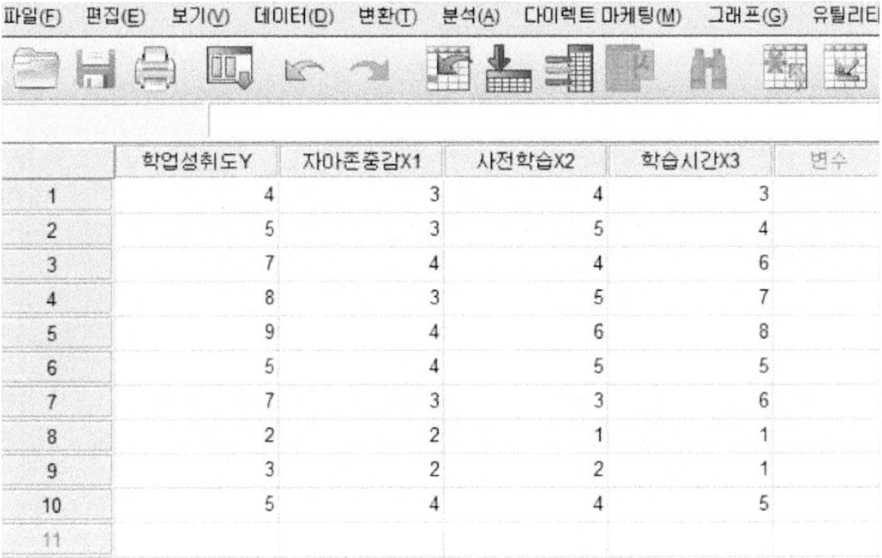

	학업성취도Y	자아존중감X1	사전학습X2	학습시간X3	변수
1	4	3	4	3	
2	5	3	5	4	
3	7	4	4	6	
4	8	3	5	7	
5	9	4	6	8	
6	5	4	5	5	
7	7	3	3	6	
8	2	2	1	1	
9	3	2	2	1	
10	5	4	4	5	
11					

변수보기 창이 열리면 측도을 척도(S)로 변경한다.

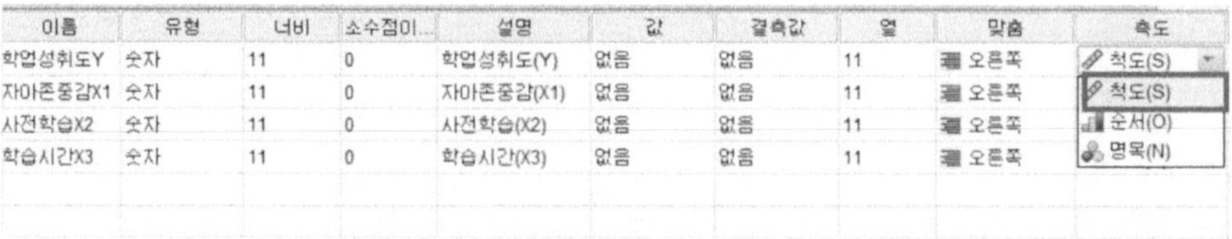

이어서 데이터보기창을 클릭하여 분석 → 회귀분석 → 선형을 클릭한다.

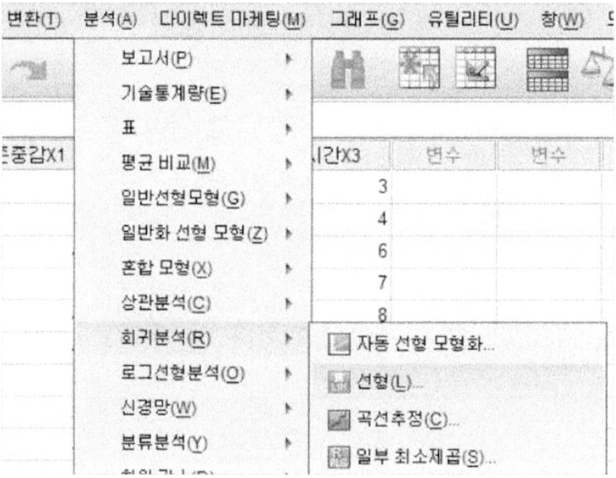

대화창이 열리면 종속변수에는 학업성취도(Y)를 보내고, 독립변수에는 자아존중감(X1), 사전학습(X2), 학습시간(X3) 등을 보낸다. 이어서 아래 방법(M)에서는 입력을 선택한다.

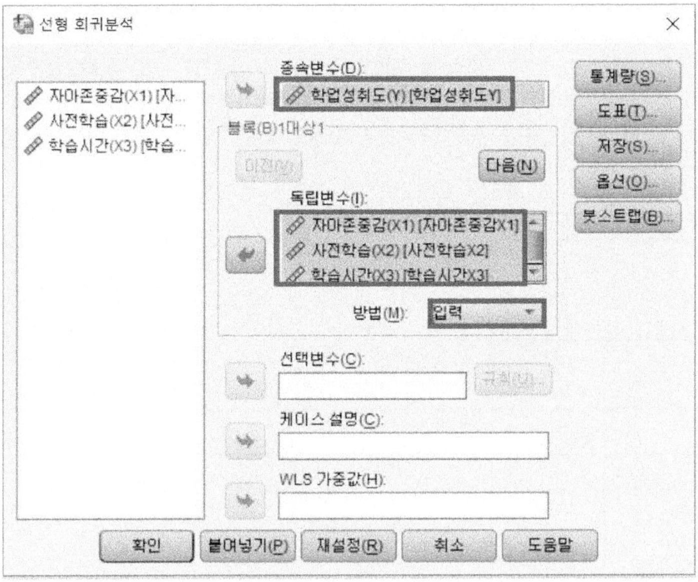

다양한 선택 중에서 먼저 통계량을 클릭하면, '선형 회귀분석: 통계량' 대화창이 나타난다. 이 가운데서 추정값, 모형적합, 기술통계, 공선성 진단 등 필요한 옵션을 클릭한다. 이어서 계속을 누른다. 그리고 나타나는 선형 회귀분석창에서 확인을 클릭하면 결과값이 산출된다.

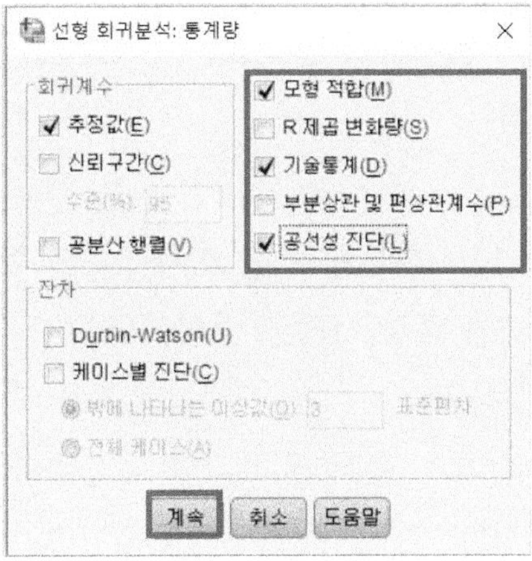

출력된 결과물을 살펴보면 먼저 기술통계량과 상관계수 행렬이 나타난다. 전반적으로 종속변수와 독립변수의 상관이 높은 편인데, 학습시간(X3)의 상관계수가 .97로 매우 높게 나타났다.

기술통계량

	평균	표준편차	N
학업성취도(Y)	5.50	2.224	10
자아존중감(X1)	3.20	.789	10
사전학습(X2)	3.90	1.524	10
학습시간(X3)	4.60	2.366	10

상관계수

		학업성취도(Y)	자아존중감 (X1)	사전학습(X2)	학습시간(X3)
Pearson 상관	학업성취도(Y)	1.000	.633	.738	.971
	자아존중감(X1)	.633	1.000	.758	.762
	사전학습(X2)	.738	.758	1.000	.789
	학습시간(X3)	.971	.762	.789	1.000
유의확률 (단측)	학업성취도(Y)	.	.025	.007	.000
	자아존중감(X1)	.025	.	.006	.005
	사전학습(X2)	.007	.006	.	.003
	학습시간(X3)	.000	.005	.003	.
N	학업성취도(Y)	10	10	10	10
	자아존중감(X1)	10	10	10	10
	사전학습(X2)	10	10	10	10
	학습시간(X3)	10	10	10	10

이어서 모형요약 결과를 살펴보면 세 가지 독립변수로 구성된 회귀모형의 R2 값은 .956으로서 학업성취 변량의 96%를 설명한다. 이는 분산분석 결과를 통해서는 회귀모형이 유의미하는 것을 보여준다(F3,9=66.87, $p<.001$).

다음으로 회귀모형 내 각 독립변수의 비표준화 회귀계수(B)와 표준화 회귀계수(β)가 나타난다. 비표준화 회귀계수는 측정단위를 사용하여 표현하기 때문에 회귀계수값을 회귀방정식에 즉각 사용할 수 있는 장점이 있지만, 측정단위의 영향을 받기 때문에 회귀계수 사이의 영향력을 비교할 수는 없다. 반면, 표준화 회귀계수는 측정단위의 영향을 받지 않기 때문에 독립변수 상호 간 영향력을 비교할 수 있다(Aiken & West, 1991).

모형 요약

모형	R	R 제곱	수정된 R 제곱	추정값의 표준오차	통계량 변화량				
					R 제곱 변화량	F 변화량	df1	df2	유의확률 F 변화량
1	.985[a]	.971	.956	.464	.971	66.869	3	6	.000

a. 예측값: (상수), 학습시간(X3), 자아존중감(X1), 사전학습(X2)

분산분석[a]

모형		제곱합	자유도	평균 제곱	F	유의확률
1	회귀 모형	43.208	3	14.403	66.869	.000[b]
	잔차	1.292	6	.215		
	합계	44.500	9			

a. 종속변수: 학업성취도(Y)

b. 예측값: (상수), 학습시간(X3), 자아존중감(X1), 사전학습(X2)

계수[a]

모형		비표준화 계수		표준화 계수	t	유의확률	공선성 통계량	
		B	표준오차	베타			공차	VIF
1	(상수)	2.752	.701		3.928	.008		
	자아존중감(X1)	-.754	.329	-.268	-2.289	.062	.354	2.823
	사전학습(X2)	.053	.180	.036	.293	.779	.319	3.134
	학습시간(X3)	1.078	.117	1.147	9.245	.000	.315	3.179

a. 종속변수: 학업성취도(Y)

세 가지 독립변수의 표준화 회귀계수를 살펴보면 학습시간(X3)의 표준화 회귀계수 값이 1.15로서 가장 높고 유의미하게 학업성취에 긍정적인 영향을 주는 것으로 나타났다(β=1.15, t=9.26, p<.001).

표준 중다회귀분석의 목적은 가능한 모든 독립변수(예측변수)를 회귀모형에 투입하여 그 모형의 유의미성과 설명력을 규명하는 것이고, 개별 독립변수의 상대적 영향력을 확인하는 것은 아니다. 왜냐하면 표준 중다회귀분석에서는 독립변수 간 상관으로 나타나는 공통 설명력을 분할하지 않기 때문이다(문수백, 2016). 만약 회귀분석의 목적이 예측변수 사이의 상대적 영향력을 비교하거나, 예측변수를 최소화하면서 모형의 설명력을 최대화하는 것이라면 위계적 회귀분석이나 단계적 회귀분석을 사용하는 것이 바람직하다(Cohen et al., 2003).

3.5. jamovi에서 표준 중다회귀분석 수행하기

다음은 위에서 제시한 데이터를 가지고 이번에는 jamovi에서 표준 중다회귀분석을 수행하는 과정을 안내한다. 이를 위해 먼저 jamovi를 실행하고 데이터를 불러온다. jamovi → Open → Browse를 클릭하고, 중다회귀분석 데이터가 저장된 파일을 불러온다.

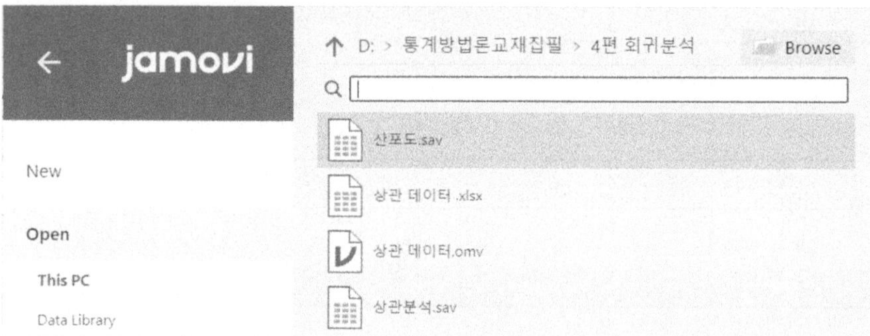

데이터 열기창 하단에 있는 파일유형 중 SPSS file을 선택하고, 중다회귀분석 파일을 클릭한다.

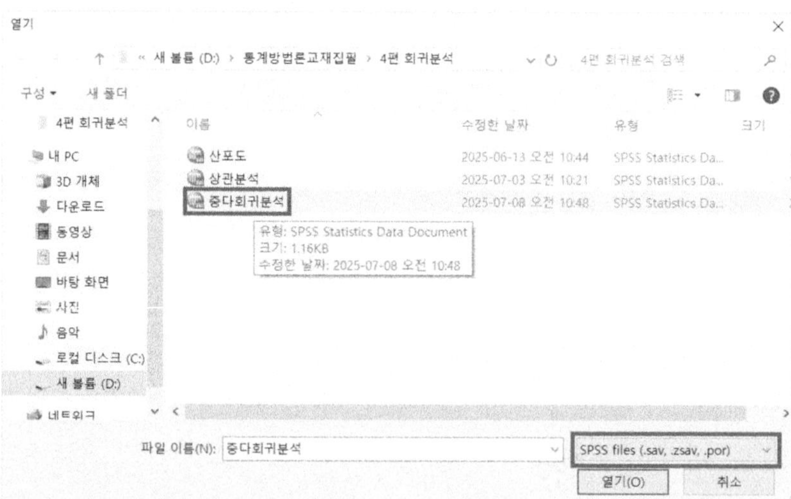

데이터창에서 각 데이터명을 더블 클릭하면 DATA VARIABLE 창이

열리는데, 네 개의 변수 모두 Measure type을 Continuous로 지정한다.

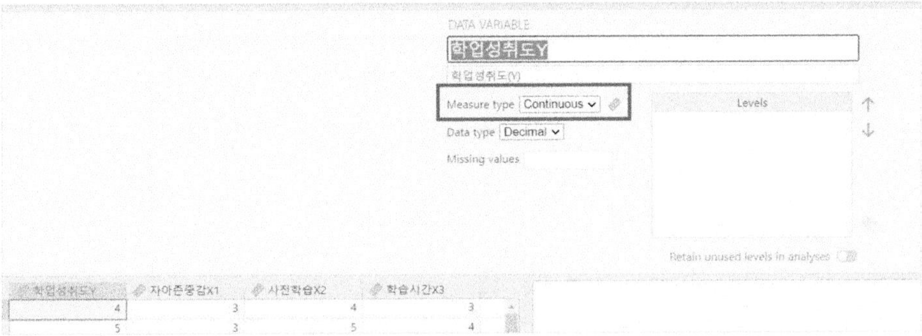

이어서 Analyses → Regression → Linear Regression을 클릭한다.

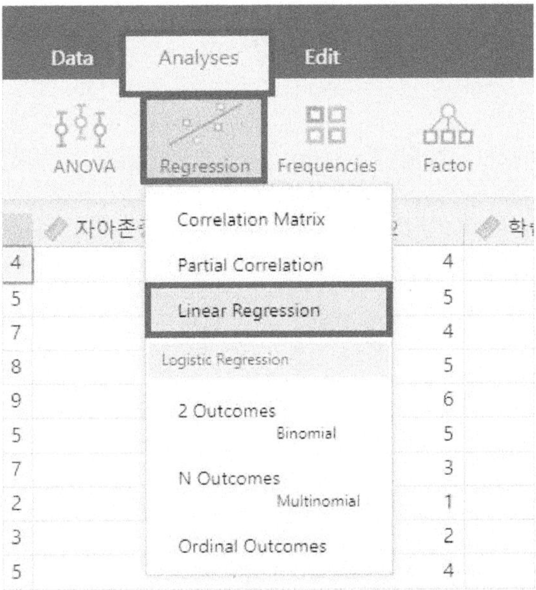

Linear Regression 대화창이 열리면 Dependent Variable에 학업성취도(Y)를, Covariates에 자아존중감(X1), 사전학습(X2), 학습시간(X3)을 보낸다.

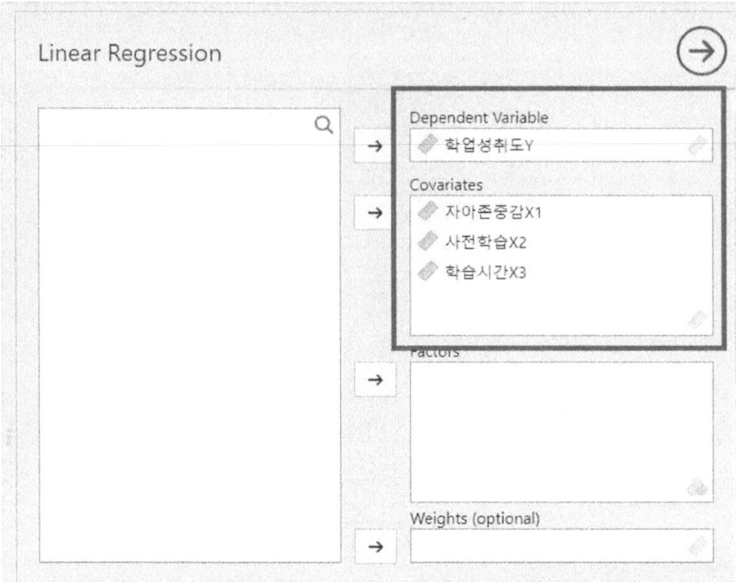

또 필요한 통계치를 선택하기 위해서 Assumption Checks를 클릭하여, Collinearity statistic를 클릭한다. Collinearity statistic은 다중공선성을 확인하는 계수로서 독립변수 간 상관이 높으면 독립변수의 고유한 영향력을 추정하는 것이 어렵고, 또는 회귀모형이 왜곡되기도 하기 때문에 중다회귀분석에서 확인이 필요하다.

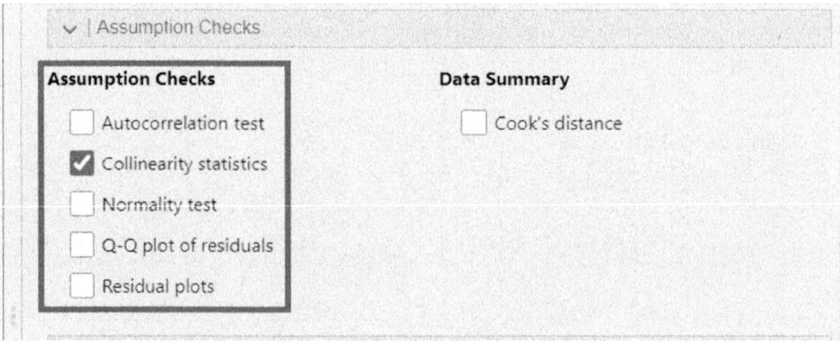

이어서 모형 적합도와 설명력을 나타내는 R2와 F test를 클릭한다. 또 표준 중다회귀계수를 보여주는 Standardized Estimate를 선택한다.

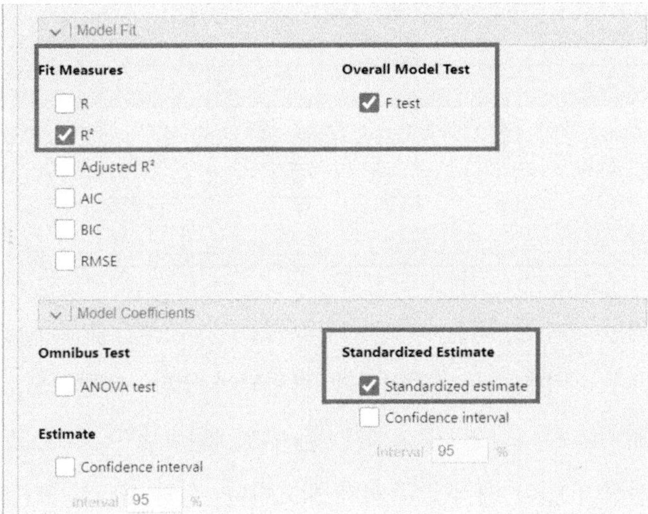

jamoiv 오른쪽에 Linear Regression 결과창이 아래와 같이 나타나는데, 분석 결과는 spss 분석결과와 동일하다. R2값은 0.971로서 회귀모형은 종속변수 분산의 97.1%를 설명한다. Overall Model Test 결과를 살펴보면 통계적으로 유의미하게 나타났다($F_{3,6}=66.9$, $p<.001$).

Model Fit Measures

		Overall Model Test			
Model	R^2	F	df1	df2	p
1	0.971	66.9	3	6	< .001

다음으로 회귀모형 내 독립변수의 유의미성을 살펴보면 학습시간(X3)만 통계적으로 유의미했고, 표준화 회귀계수는 1.15였다($\beta=1.15$, $t=9.25$, $p<.001$).

Model Coefficients - 학업성취도Y

Predictor	Estimate	SE	t	p	Stand. Estimate
Intercept	2.7518	0.701	3.928	0.008	
자아존중감X1	-0.7543	0.329	-2.289	0.062	-0.2676
사전학습X2	0.0527	0.180	0.293	0.779	0.0361
학습시간X3	1.0775	0.117	9.245	< .001	1.1467

공선성 진단을 위한 지수는 VIF(Variance Inflation Factor)와 공차한계(Tolerance) 두 가지 가 있는데, 두 지수는 서로 밀접하게 관련되어 있다. 일반적으로 VIF 지수는 1~5사이로 나타나면 공선성에 문제가 없는 것으로 보고, 5~10 사이에는 공선성이 있어 해석에 주의가 필요하다. 만약 VIF가 10을 초과하게 되면 다중공선성에 심각한 문제가 있어 회귀모형을 재검토해야 한다. 공차한계는 VIF의 역수로서 0.1이하면 다중 공선성에 문제가 있는 것으로 본다. 또 독립변수들 간의 상관계수를 검토하여 다중공선성을 사전 점검할 수 있는데 일반적으로 어떤 독립변수들 간의 상관계수가 .80이상이면 공선성을 의심할 수 있다.

아래 분석결과에 나타는 다중공선성 진단지수를 살펴보면 세 가지 독립변수 모두 VIF지수는 5미만이고, Tolerance는 0.1이상으로 나타나서 다중공선성에 문제가 없는 것으로 보인다.

Collinearity Statistics

	VIF	Tolerance
자아존중감X1	2.82	0.354
사전학습X2	3.13	0.319
학습시간X3	3.18	0.315

3.6. spss에서 위계적 중다회귀분석 수행하기

앞선 표준 중다회귀분석은 연구자가 독립변수 간의 우선 순위나 영향력의 위계적 관계에 대한 어떤 사전 정보나 판단이 없이 모든 독립변수를 회귀분석에 투입하여 모형의 적합도와 개별 회귀계수의 유의미성을 판단했다. 이렇게 분석을 수행하면 유의미하지 않은 독립변수도 모형에 포함되어 복잡도는 증가하나, 모형의 유의미성은 오히려 낮아지고, 때로는 독립변수 간의 상관관계로 인해 모형이 왜곡되는 단점도 있다(Keith, 2014).

따라서 연구자는 선행연구를 근거하거나, 연구목적을 중심으로 예측변수 사이에 위계적 관계를 고려하여 예측변수의 투입순서를 결정할 수 있는데, 이를 위계적 중다회귀분석(hierarchical multiple regression)이라고 한다(문수백, 2016). 위계적 중다 회귀분석에서는 연구자가 선행연구나 연구자의 판단에 의거하여 중요한 독립변수를 하나씩 증가시켜 가면서 회귀모형의 유의미성과 설명력의 변화를 확인하여 최적의 회귀모형을 찾거나 연구가설을 검증한다.

여기에는 부분상관(partial correlation)과 준부분상관(semi-partial correlation)의 개념을 간단히 살펴볼 필요가 있다. 부분 상관은 통제변수의 영향을 제거한 상태에서 관심을 두는 두 변수 간의 상관을 의미한다. 예를 들어서 학업성취도(y)와 학습시간(x)의 상관을 추정할 때 두 변수에서 사전학습(z)의 영향을 제거하고 싶다면 부분 상관계수를 사용하고, $r_{(yx)\cdot z}$로 표현할 수 있다. 부분상관계수는 회귀모형에서 각 회귀계수의 t검정과 관계가 있다.

다음으로 준부분상관은 이전 모형에서 투입된 독립변수와 새로운 변수의 관계를 통제한 이후 상관계수를 추정할 때 사용한다. 예를 들어 학업성취도(y)와 학습시간(x) 모두에서 사전학습(z)의 영향을 제거하는 것이 아니라 학습시간(x)에서만 사전학습의(z)영향을 제거한 후 학업성취와의 관계를 추정할 때 사용하는 것이 준부분상관이고, $r_{y(x \cdot z)}$와 같이 표현할 수 있다. 준부분상관의 제곱은 회귀모형에서 독립변수가 하나씩 추가될 때 산출되는 예측력의 증분(ΔR^2)과 관계가 있다(Tabachnick & Fidell, 2019).

위에서 제시한 데이터를 가지고 먼저 spss에서 위계적 중다회귀분석을 실행하기 위해 데이터를 불러온다. 연구자의 관심이 높은 독립변수 순서대로 모형에 투입하여 설명력의 변화를 알아보고, 연구가설을 검정하려고 한다. 예를 들어, 연구자는 사전학습(X2), 학습시간(X3), 자아존중감(X1) 순서대로 관심이 있다고 가정한다면 순서대로 회귀모형을 구성하여 설명력의 변화를 확인한다. 이를 위해 spss를 실행하여 데이터를 불러온다.

	학업성취도Y	자아존중감X1	사전학습X2	학습시간X3	변수
1	4	3	4	3	
2	5	3	5	4	
3	7	4	4	6	
4	8	3	5	7	
5	9	4	6	8	
6	5	4	5	5	
7	7	3	3	6	
8	2	2	1	1	
9	3	2	2	1	
10	5	4	4	5	
11					

이어서 분석 → 회귀분석 → 선형을 클릭한다.

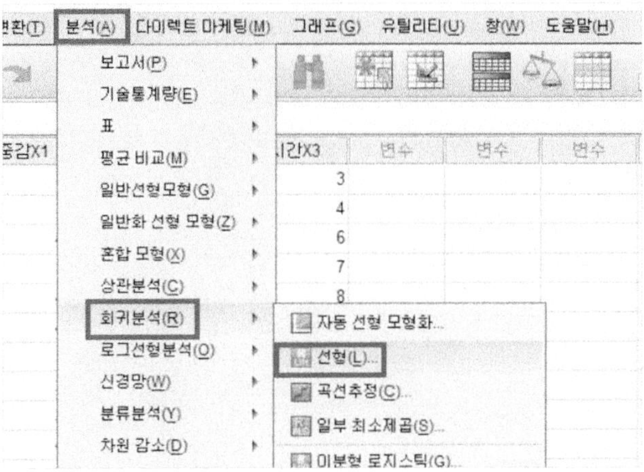

선형 회귀분석 대화창이 열리면 종속변수에는 학업성취도(Y)를, 독립변수에는 사전학습(X2)를 투입하고, 대화창 중앙의 '블록(B)1대상1' 부분의 '다음'을 클릭한다.

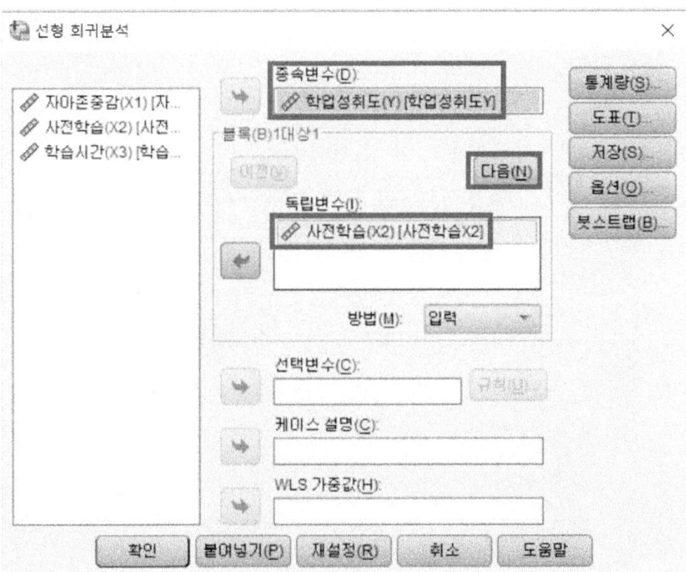

2단계 블록의 대화창이 열리면 학습시간(X3)을 독립변수에 투입하고, '블록(B)2대상2' 부분의 '다음'을 클릭한다.

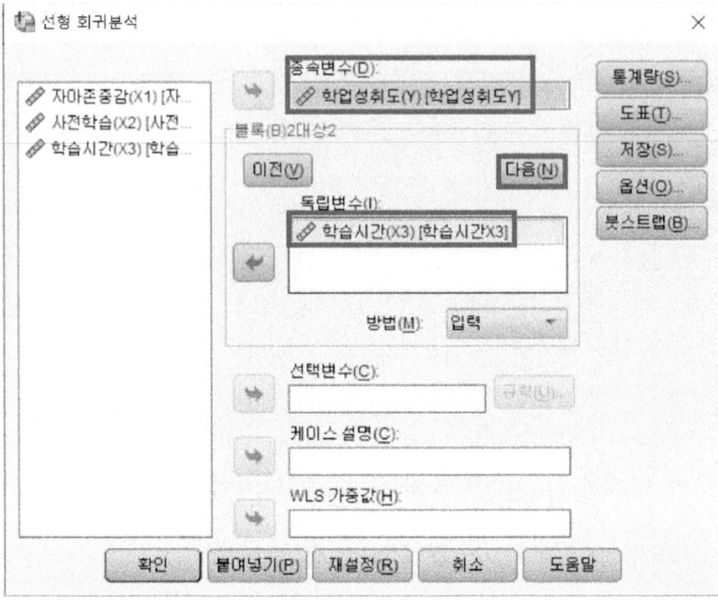

3단계 블록의 대화창이 열리면 자아존중감(X1)을 독립변수에 투입하고 이어서 통계량을 클릭한다.

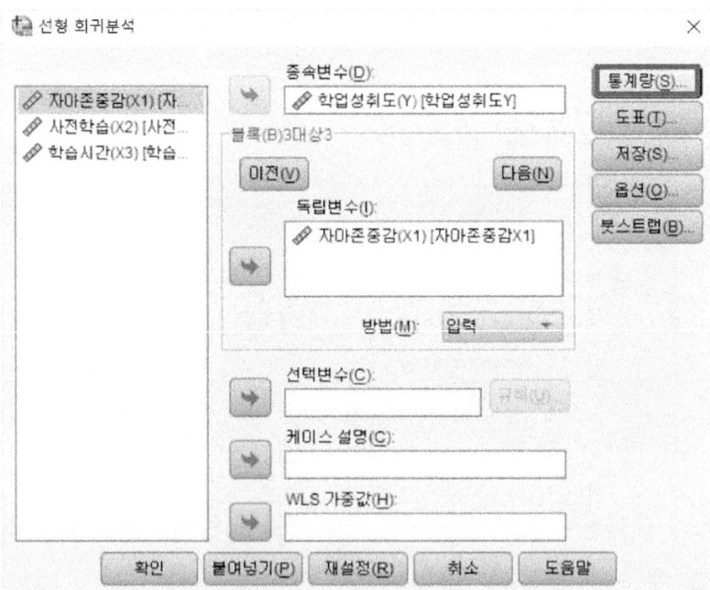

'선형회귀분석: 통계량' 대화창이 나타나면 우측 상단에 있는 모형적합부터 공선성 진단까지 모든 옵션을 선택한 후 계속을 클릭한다.

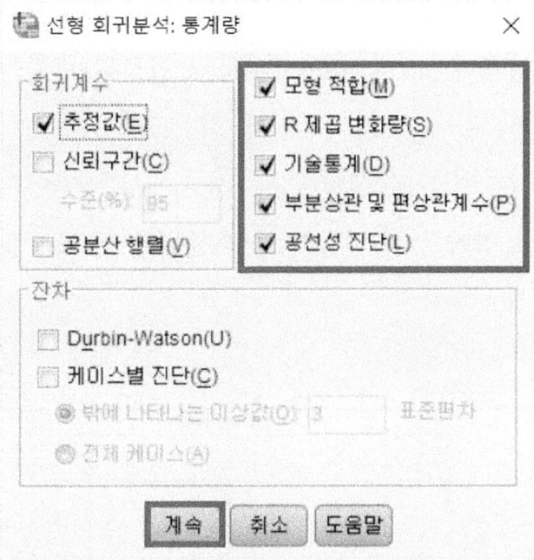

이어서 선형회귀분석 창이 나타나면 확인을 클릭한다.

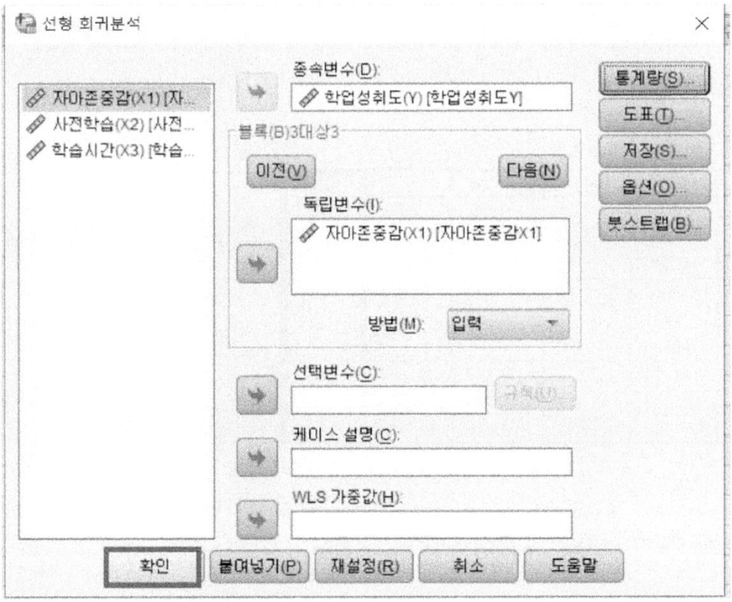

그러면 3개의 블록으로 구성된 위계적 회귀분석 결과가 나타난다. 먼저 모형요약을 살펴보면 1단계의 사전학습(X2)만 포함된 회귀모형의 R2값은 .544로서 학업성취 변량의 54.4%를 설명했다. 2단계의 사전학습(X2)와 학습시간(X3)이 포함된 회귀모형의 R2값은 .946으로서 학업성취 변량의 94.6%를 설명했는데, 학습시간이 추가됨으로써 1단계 회귀모형에 비해서 40.1%만큼의 학업성취 변량을 추가적으로 설명했다. 3단계에서는 자아존중감(X1)이 독립변수로 추가됐고, 학업성취 변량의 2.5%를 추가적으로 설명했다.

모형 요약

모형	R	R 제곱	수정된 R 제곱	추정값의 표준오차	통계량 변화량				
					R 제곱 변화량	F 변화량	df1	df2	유의확률 F 변화량
1	.738[a]	.544	.487	1.592	.544	9.556	1	8	.015
2	.972[b]	.946	.930	.588	.401	51.627	1	7	.000
3	.985[c]	.971	.956	.464	.025	5.241	1	6	.062

a. 예측값: (상수), 사전학습(X2)

b. 예측값: (상수), 사전학습(X2), 학습시간(X3)

c. 예측값: (상수), 사전학습(X2), 학습시간(X3), 자아존중감(X1)

세 가지 회귀모형에 대한 분산분석을 살펴보면 모두 통계적으로 유의미하게 나타났다.

분산분석[a]

모형		제곱합	자유도	평균 제곱	F	유의확률
1	회귀 모형	24.222	1	24.222	9.556	.015[b]
	잔차	20.278	8	2.535		
	합계	44.500	9			
2	회귀 모형	42.079	2	21.039	60.830	.000[c]
	잔차	2.421	7	.346		
	합계	44.500	9			
3	회귀 모형	43.208	3	14.403	66.869	.000[d]
	잔차	1.292	6	.215		
	합계	44.500	9			

a. 종속변수: 학업성취도(Y)

b. 예측값: (상수), 사전학습(X2)

c. 예측값: (상수), 사전학습(X2), 학습시간(X3)

d. 예측값: (상수), 사전학습(X2), 학습시간(X3), 자아존중감(X1)

세 가지 회귀모형에 투입된 회귀계수를 살펴보면 1단계 모형에서는 사전학습(X1)은 통계적으로 유의미하게 나타났지만(β=.74, t=3.09, p<.05), 2단계에서는 학습시간(X3)만 유의미하게 나타났고(β=1.03, t=3.09, p<.05), 3단계에서도 역시 학습시간(X3)만 유의미하게 나타났다(β=1.14, t=3.09, p<.05). 공선성 통계량을 살펴보면 분산팽창지수(VIF)는 모두 5미만이고, 공차한계(Tolerance)는 모두 0.1이상으로 다중공선성 문제는 나타나지 않았다.

계수[a]

모형		비표준화 계수		표준화 계수	t	유의확률	상관계수			공선성 통계량	
		B	표준오차	베타			0차	편상관	부분상관	공차	VIF
1	(상수)	1.301	1.448		.898	.395					
	사전학습(X2)	1.077	.348	.738	3.091	.015	.738	.738	.738	1.000	1.000
2	(상수)	1.473	.536		2.750	.029					
	사전학습(X2)	-.110	.209	-.075	-.523	.617	.738	-.194	-.046	.378	2.647
	학습시간(X3)	.968	.135	1.031	7.185	.000	.971	.938	.633	.378	2.647
3	(상수)	2.752	.701		3.928	.008					
	사전학습(X2)	.053	.180	.036	.293	.779	.738	.119	.020	.319	3.134
	학습시간(X3)	1.078	.117	1.147	9.245	.000	.971	.967	.643	.315	3.179
	자아존중감(X1)	-.754	.329	-.268	-2.289	.062	.633	-.683	-.159	.354	2.823

a. 종속변수: 학업성취도(Y)

이러한 분석결과를 교육심리적 관점에서 살펴보면 학업성취에는 학습시간이 가장 결정적인 영향을 주는 것으로 이해할 수 있다. 또 사전학습의 영향도 있지만 학습시간이 모형에 투입됨으로써 사전학습의 영향을 모두 흡수하는 것으로 볼 수 있다.

3.7. jamovi에서 위계적 중다회귀분석 수행하기

위에서 제시된 데이터를 가지고 이번에는 jamovi에서 위계적 중다회귀분석을 수행하는 것을 안내하겠다. 이를 위해서 jamovi를 실행하고 데이터를 불러온다.

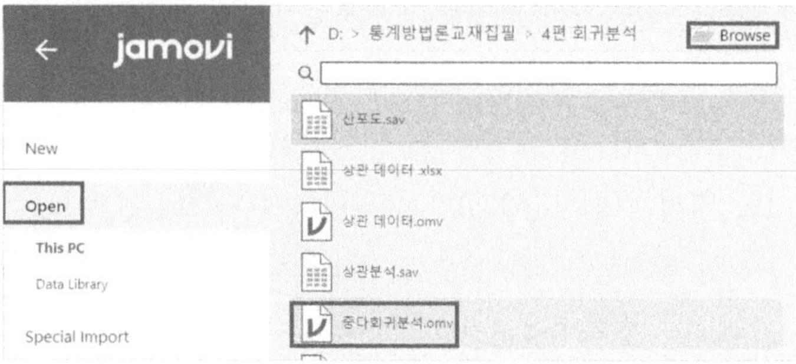

데이터가 열리면 Linear Regression 대화창에서 Dependent variable에 학업성취도를 보낸다. 그리고 Covariate에 위계적 순서에 따라 독립변수를 투입하는데, 사전학습(X2)을 Covariates창으로 보내고, 아래 Model Builder에서 Blocks의 Block1에 사전학습(X2)을 보낸 후 Add New Block을 클릭한다.

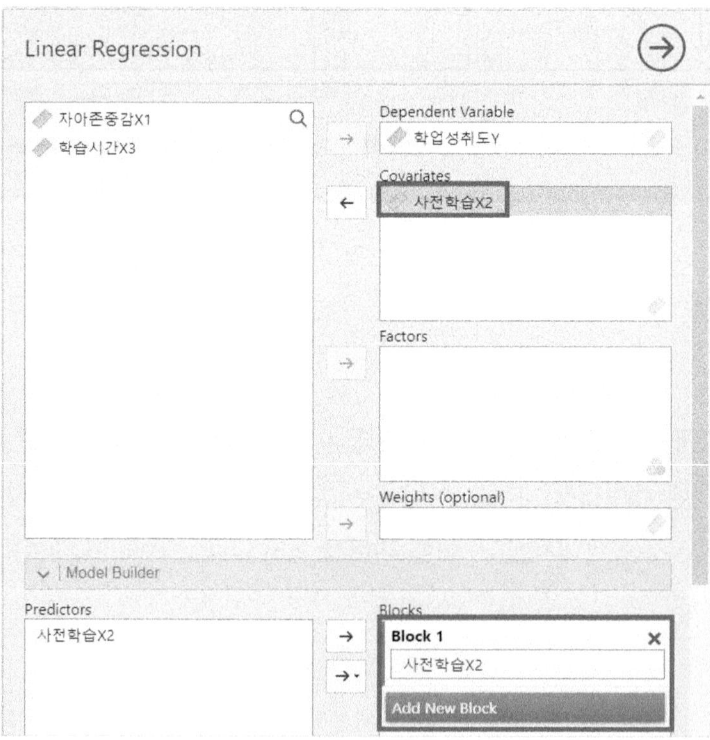

이어서 Covariates 창에 학습시간(X3)을 보내고, 아래 Model Builder의 Blocks2에 학습시간(X3)이 나타나면 Add New Block을 클릭한다.

이어서 Covariates에 자아존중감(X1)을 보내고, 아래 Model Builder에서 Block3에 자아존중감(X1)이 포함된 것을 확인한다.

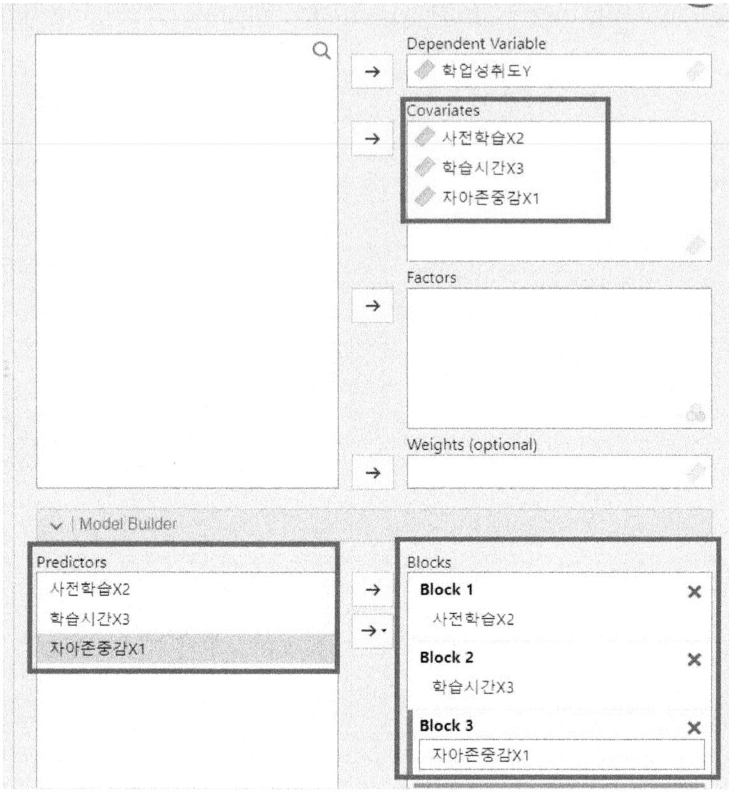

아래 옵션탭에서 Model Fit을 선택하고, Fit Measures에서 R, R2를 선택하고, Overall Model Test에서 F test를 선택한다.

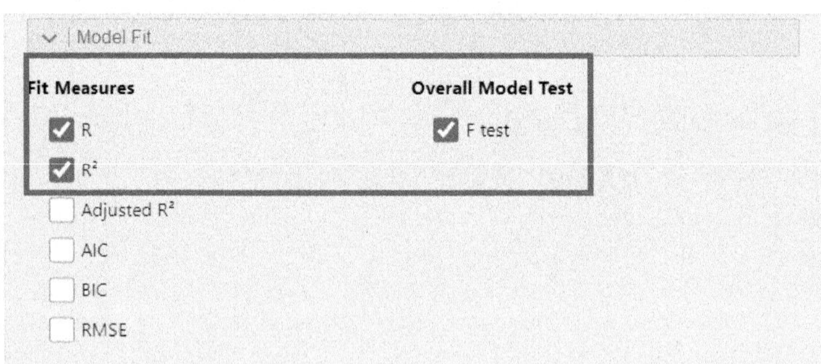

다음으로 아래 Model Coefficients에서는 Omnibus Test에서 ANOVA test를 선택하고, Standardized Estimate를 선택한다.

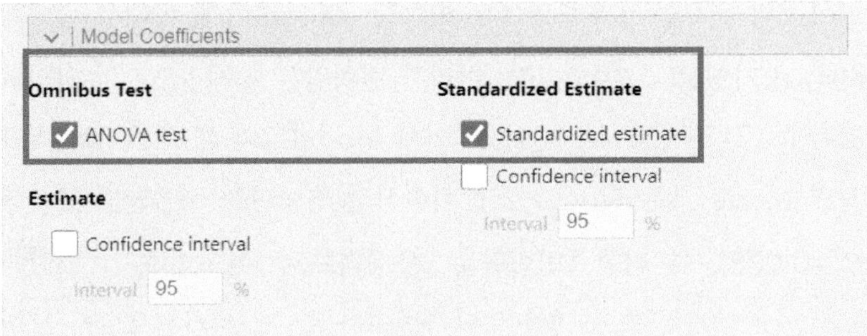

오른쪽 결과창에 나타난 분석결과를 하나씩 살펴본다. 먼저 Model Fit Measures를 보면 세 가지 모형의 R2값이 나타나고, 각 회귀모형의 유의미성을 나타내는 Overall Model Test의 F값, 자유도, 유의수준이 나타난다. 앞선 spss의 분석결과와 동일하게 Model 1의 R2값은 0.544로 학업성취 분산의 54.4%를 설명했고, 회귀모형은 통계적으로 유의미하게 나타났다($F_{1,8}=9.56$, $p<.05$). Model 2의 R2값은 0.946으로 학업성취 분산의 94.6%를 설명했고, 회귀모형은 통계적으로 유의미하게 나타났다($F_{2,7}=60.83$, $p<.001$). Model 3의 R2값은 0.971로 학업성취 분산의 97.1%를 설명했고, 회귀모형은 통계적으로 유의미하게 나타났다($F_{3,6}=66.87$, $p<.001$).

Model Fit Measures

			Overall Model Test			
Model	R	R^2	F	df1	df2	p
1	0.738	0.544	9.56	1	8	0.015
2	0.972	0.946	60.83	2	7	< .001
3	0.985	0.971	66.87	3	6	< .001

Model Comparisons는 독립변수가 추가됨으로써 나타나는 설명력(R2)의 증가분이 통계적으로 유의미한 수준인지를 보여준다. 먼저 Model 1과 Model 2의 비교를 살펴보면 Model 2는 Model 1에 비해서 설명력이 0.40만큼 증가했고(ΔR^2=0.40), 이러한 변화량은 통계적으로 유의미하게 나타났다(F1,7=51.63, p<.001). 이어서 Model 2와 Model 3의 비교를 살펴보면 Model 3은 Model 2에 비해서 설명력이 0.025만큼 증가했으나(ΔR^2=0.025), 이러한 변화량은 통계적으로 유의미하지 않았다(F1,6=5.24, p<.001). 즉, 모형3은 예측변수가 한 개 추가됨으로써 모형의 복잡도는 증가했으나, 설명력은 그만큼 증가하지 않은 것이다.

Model Comparisons

Comparison							
Model		Model	ΔR^2	F	df1	df2	p
1	-	2	0.4013	51.63	1	7	< .001
2	-	3	0.0254	5.24	1	6	0.062

Model Specific Results를 살펴보면 먼저 Model 1 탭이 나타나고, 아래에는 사전학습(X2)을 예측변인으로 포함하는 회귀모형의 유의미성을 보여주는 F test결과가 나타나는데, 통계적으로 유의미하다(F1,6=5.24, p<.001). Model Coefficients에서는 사전학습(X2)의 유의미성이 나타나는데, 비표준화 회귀계수(B) 값은 1.08이고, 표준화 회귀계수(β) 값은 0.74이다. 그리고 회귀계수는 통계적으로 유의미하다(t=3.09, p<.05).

Model Specific Results Model 1

Omnibus ANOVA Test

	Sum of Squares	df	Mean Square	F	p
사전학습X2	24.2	1	24.22	9.56	0.015
Residuals	20.3	8	2.53		

Note. Type 3 sum of squares

[3]

Model Coefficients - 학업성취도Y

Predictor	Estimate	SE	t	p	Stand. Estimate
Intercept	1.30	1.448	0.898	0.395	
사전학습X2	1.08	0.348	3.091	0.015	0.738

다음으로 Model Specific Results의 Model 2를 클릭하여 결과를 살펴보면 Omnibus ANOVA Test 결과 추가된 학습시간(X3)의 F값은 유의미하게 나타났으나($F_{1,7}$=17.86, p<.001), 이미 모형에 포함된 사전학습(X2)의 영향력은 유의미하지 않게 나타났다($F_{1,7}$=0.27, p>.05).

Model Coefficients를 살펴보면 학습시간(X3)은 통계적으로 유의미하게 나타났는데(β=1.03, t=7.18, p<.001), 사전학습(X2)는 유의미하지 않았다(β=-.07, t=-.52, p>.05).

Model Specific Results [Model 2 ▾]

Omnibus ANOVA Test

	Sum of Squares	df	Mean Square	F	p
사전학습X2	0.0948	1	0.0948	0.274	0.617
학습시간X3	17.8564	1	17.8564	51.627	< .001
Residuals	2.4211	7	0.3459		

Note. Type 3 sum of squares

[3]

Model Coefficients - 학업성취도Y

Predictor	Estimate	SE	t	p	Stand. Estimate
Intercept	1.473	0.536	2.750	0.029	
사전학습X2	-0.110	0.209	-0.523	0.617	-0.0751
학습시간X3	0.968	0.135	7.185	< .001	1.0305

다음으로 Model Specific Results의 Model 3을 클릭하여 결과를 살펴보면 Omnibus ANOVA Test 결과 추가된 자아존중감(X1)의 F값은 유의미하지 않았다(F1,6=5.24, p〉.05). Model Coefficients를 살펴보면 자아존중감(X1)은 통계적으로 유의미하지 않았고(β=-0.26, t=-2.29, p〉.05), 학습시간(X3)의 회귀계수만 유의미했다(β=1.14, t=9.24, p〈.001).

Model Specific Results Model 3

Omnibus ANOVA Test

	Sum of Squares	df	Mean Square	F	p
사전학습X2	0.0185	1	0.0185	0.0859	0.779
학습시간X3	18.4085	1	18.4085	85.4686	< .001
자아존중감X1	1.1288	1	1.1288	5.2409	0.062
Residuals	1.2923	6	0.2154		

Note. Type 3 sum of squares

[3]

Model Coefficients - 학업성취도Y

Predictor	Estimate	SE	t	p	Stand. Estimate
Intercept	2.7518	0.701	3.928	0.008	
사전학습X2	0.0527	0.180	0.293	0.779	0.0361
학습시간X3	1.0775	0.117	9.245	< .001	1.1467
자아존중감X1	−0.7543	0.329	−2.289	0.062	−0.2676

3.8. spss에서 단계적 중다회귀분석(stepwise multiple regression) 수행하기

위에서 설명한 바와 같이 단계적 중다회귀분석과 위계적 회귀분석은 차이가 있는데 위계적 회귀분석은 연구자의 이론적, 경험적 근거에 의해서 예측변인의 투입순서를 결정한다. 반면 단계적 회귀분석은 이론적 배경에 근거하기보다는 종속변수와 상관이 높은 순서대로 프로그램이 예측변인을 투입하여 예측력은 가장 극대화하면서도 예측변인의 수가 적은 간명한 모형(parsimonious model)을 찾는 방법이다. 단계적 중다회귀분석을 위해 spss를 실행하고, 데이터를 불어온다.

분석 → 회귀분석 → 선형을 클릭한다.

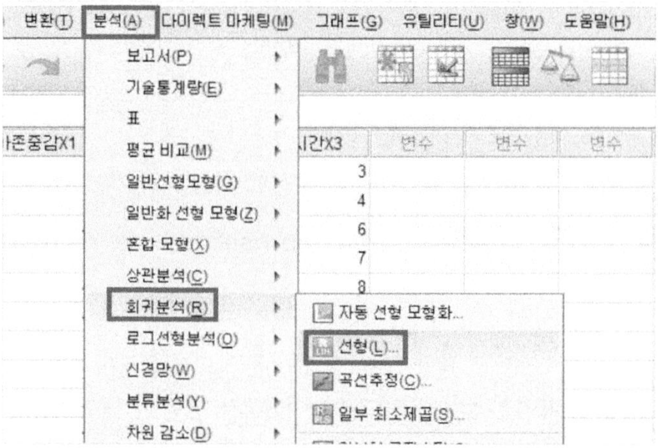

선형 회귀분석 대화창이 나타나면 종속변수(D)에 학업성취도(Y)를 보내고, 독립변수(I)에는 자아존중감(X1), 사전학습(X2), 학습시간(X3)을 보낸다. 이어서 아래 방법(M) 창에서 단계선택을 클릭한다.

참고로 '제거(Remove)'는 특정 변수를 연구자가 지정하여 제거하는 방법이고, '단계 선택(Stepwise)'은 연구자의 이론적 배경보다는 프로그램에서 종속변수에 대한 예측력이 높은 독립변수부터 우선 투입하는 방식으로 새로운 변수가 투입되어 기존 변수의 유의미성이 낮아지면 기존 변수를 제거한다.

'후진(Backward)' 방법은 모든 변수를 투입한 이후 유의미성이 낮은 변수부터 제거하는 방식이고, '전진(Forward)' 방법은 최초에서 예측변수를 투입하지 않다가 유의미성이 있는 변수부터 투입하는 방법으로 기존 변수를 제거하지는 않는다.

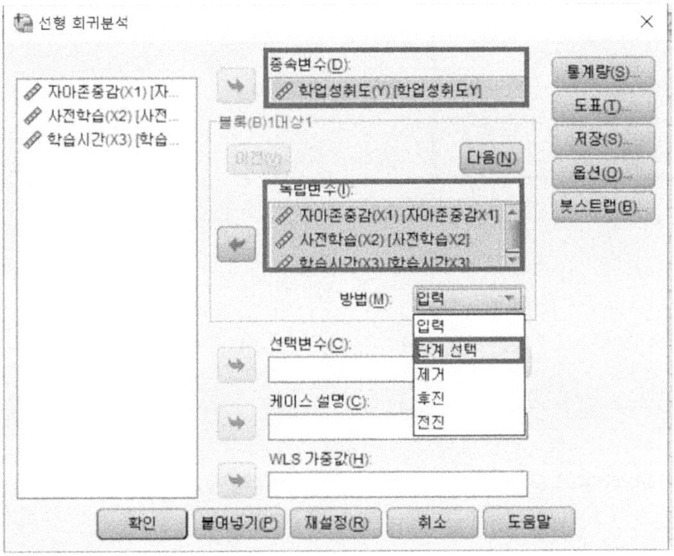

우측에 통계량을 클릭한다.

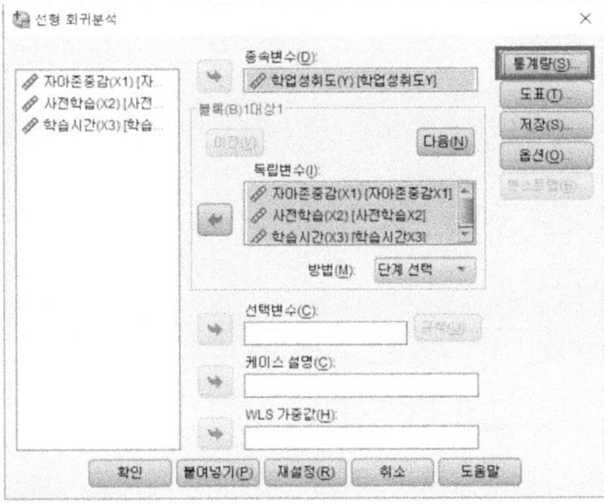

'선형회귀분석: 통계량' 대화창이 열리면 모형적합, R제곱 변화량, 기술통계, 공선성 진단 등 필요한 통계치를 선택하고 이어서 하단에 계속을 클릭한다.

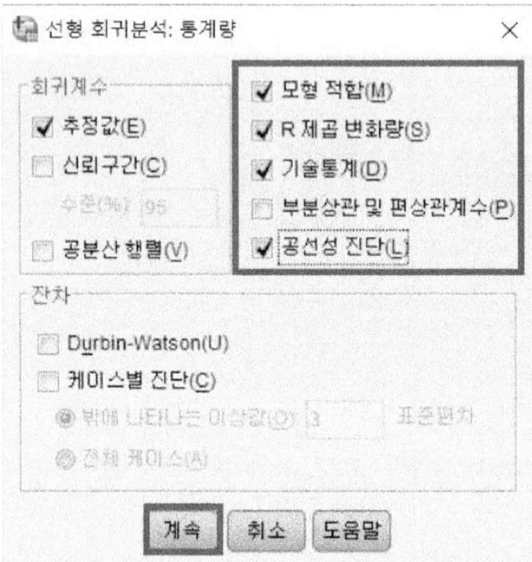

선형 회귀분석 대화창으로 복귀하면 확인을 클릭한다.

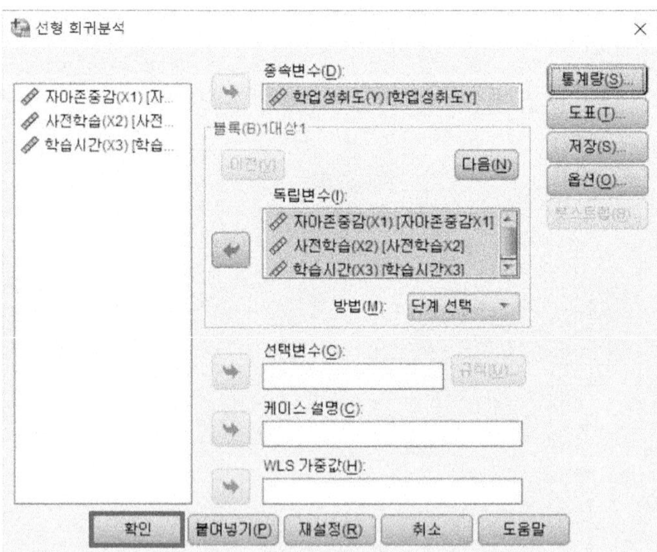

산출된 결과를 하나씩 살펴보면서 앞선 위계적 회귀분석 결과와 비교해

본다. 먼저 모형요약을 살펴보면 학습시간(X3)만 포함된 첫 번째 모형의 R2은 .943으로 학업성취 변량의 94.3%를 설명했다. 학습시간(X3)과 자아존중감(X1)이 포함된 두 번째 모형의 R2은 .971로 학업성취 변량의 97.1%를 설명했다. 앞선 위계적 회귀분석과 비교하여 살펴보면 두 번의 회귀모형 분석으로 종속변수 변량의 설명력이 동일해졌다는 점에서는 경제적이다.

모형 요약

모형	R	R 제곱	수정된 R 제곱	추정값의 표준오차	통계량 변화량				
					R 제곱 변화량	F 변화량	df1	df2	유의확률 F 변화량
1	.971[a]	.943	.936	.561	.943	133.502	1	8	.000
2	.985[b]	.971	.962	.433	.027	6.435	1	7	.039

a. 예측값: (상수), 학습시간(X3)
b. 예측값: (상수), 학습시간(X3), 자아존중감(X1)

다음으로 각 모형의 분산분석 결과를 살펴보면 모형1은 통계적으로 유의미하고(F1,9=133.50, p<.001), 모형2도 통계적으로 유의미하게 나타났다(F1,9=115.32, p<.001). 즉, 회귀모형에 의해서 설명된 분산의 비율이 잔차보다 유의미하게 높다.

분산분석[a]

모형		제곱합	자유도	평균 제곱	F	유의확률
1	회귀 모형	41.984	1	41.984	133.502	.000[b]
	잔차	2.516	8	.314		
	합계	44.500	9			
2	회귀 모형	43.189	2	21.595	115.320	.000[c]
	잔차	1.311	7	.187		
	합계	44.500	9			

a. 종속변수: 학업성취도(Y)
b. 예측값: (상수), 학습시간(X3)
c. 예측값: (상수), 학습시간(X3), 자아존중감(X1)

이어서 각 모형에 포함된 회귀계수의 유의미성과 공선성 통계량을 살펴보면 학업성취와 상관이 가장 높아서 예측력이 뛰어난 학습시간(X3)이 모형 1에 포함됐는데, 학습시간의 비표준화 회귀계수(B)는 .913으로 나타났다. 이는 학습시간이 1단위 증가할수록 학업성취도가 .913점만큼 상승한다는 의미이고, 회귀계수는 통계적으로 유의미하다($t=11.55$, $p<.001$).

다음으로 학습시간(X3)과 자아존중감(X1)이 예측변인으로 포함된 모형 2에서 두 예측변수 모두 통계적으로 유의미하게 나타났으나, 자아존중감의 경우 회귀계수가 음수로 나타났다($B=-.72$). 이는 자아존중감이 한 단위 증가할수록 학업성취도가 0.72점 감소한다는 의미이므로 통계적으로는 유의미하나 이론적으로는 타당성이 낮은 결과이다. 따라서 이 경우 연구자는 단계적 회귀분석의 결과에만 의존하지 말고 이론적 관점에서 타당성을 판단하여 타당한 회귀모형을 채택해야 한다. 공선성통계량을 살펴보면 분산팽창지수(VIF)는 5미만, 공차한계(tolerance)는 .10이상으로 공선성에는 문제가 없다.

계수[a]

모형		비표준화 계수		표준화 계수	t	유의확률	공선성 통계량	
		B	표준오차	베타			공차	VIF
1	(상수)	1.302	.404		3.219	.012		
	학습시간(X3)	.913	.079	.971	11.554	.000	1.000	1.000
2	(상수)	2.757	.653		4.222	.004		
	학습시간(X3)	1.095	.094	1.165	11.631	.000	.420	2.384
	자아존중감(X1)	-.716	.282	-.254	-2.537	.039	.420	2.384

a. 종속변수: 학업성취도(Y)

3.9. jamovi에서 단계적 중다회귀분석(stepwise multiple regression) 수행하기

jamovi에서 단계적 중다회귀분석을 수행하기 위해 jamovi를 실행한 후 데이터를 불러온다. spss와 다르게 jamovi에서는 중다회귀분석의 stepwise를 실행할 수 있는 기본 기능은 없다. 대안적으로 연구자가 종속변인과 예측변인의 상관계수를 검토한 이후 상관계수가 높은 순서대로 Block 기능을 이용하여 예측변수를 투입하여 예측력의 증가분을 검토할 수 있다.

앞선 데이터에서 상관계수를 살펴보면 예측변수 중 학습시간(X3) 〉 사전학습(X2) 〉 자아존중감(X1) 순서로 학업성취도(Y)와 상관이 높다. 이에 따라서 3개의 블록을 사용하여 ①Y·X3, ②Y.X3.X2, ③Y.X3.X2.X1 등과 같이 중다회귀분석을 시행하고, 각 모형에서 유의미하지 않은 예측변수를 제거할 수 있다.

상관계수

		학업성취도(Y)	자아존중감(X1)	사전학습(X2)	학습시간(X3)
학업성취도(Y)	Pearson 상관계수	1	.633*	.738*	.971**
	유의확률 (양쪽)		.049	.015	.000
	N	10	10	10	10
자아존중감(X1)	Pearson 상관계수	.633*	1	.758*	.762*
	유의확률 (양쪽)	.049		.011	.010
	N	10	10	10	10
사전학습(X2)	Pearson 상관계수	.738*	.758*	1	.789**
	유의확률 (양쪽)	.015	.011		.007
	N	10	10	10	10
학습시간(X3)	Pearson 상관계수	.971**	.762*	.789**	1
	유의확률 (양쪽)	.000	.010	.007	
	N	10	10	10	10

*. 상관계수는 0.05 수준(양쪽)에서 유의합니다.

**. 상관계수는 0.01 수준(양쪽)에서 유의합니다.

먼저 jamovi를 실행하고, 데이터를 불러온 후 Analyses → Regression → Linear Regression을 클릭한다.

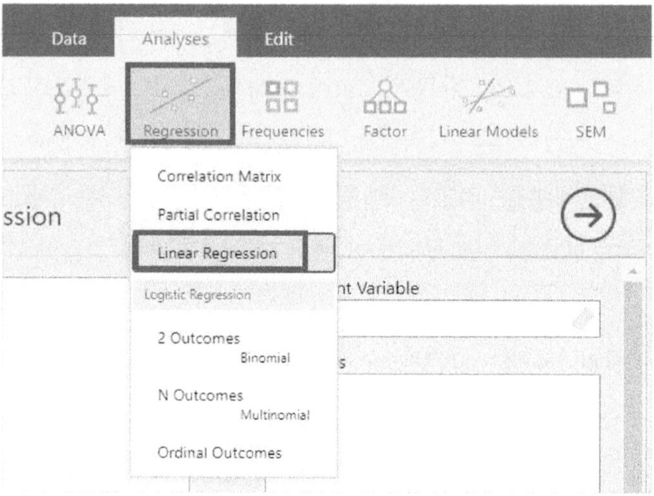

Linear Regression 대화창이 열리면 Dependent Variable에 학업성취도(Y)를 보내고, Covariates에 학습시간(X3)을 보낸다.

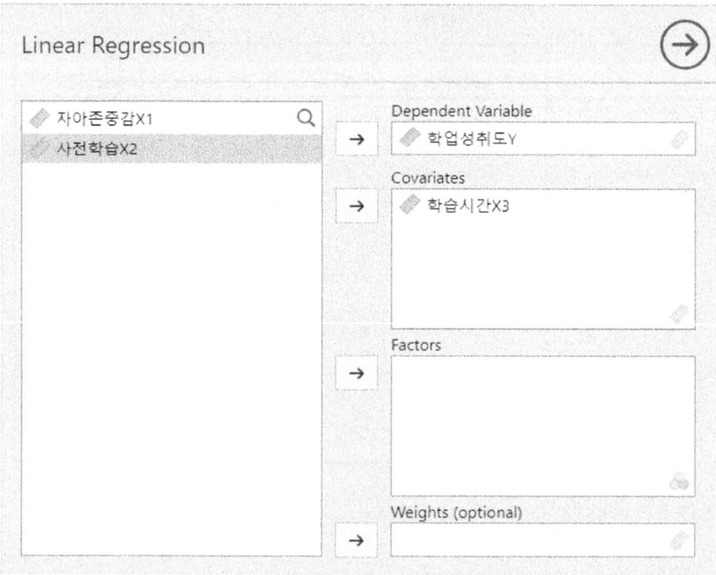

아래 Model Fit의 다양한 옵션 중에서 R, R2, F test 등을 선택하고, Model Coefficients에서는 ANOVA test와 Standardized estimate를 클릭한다.

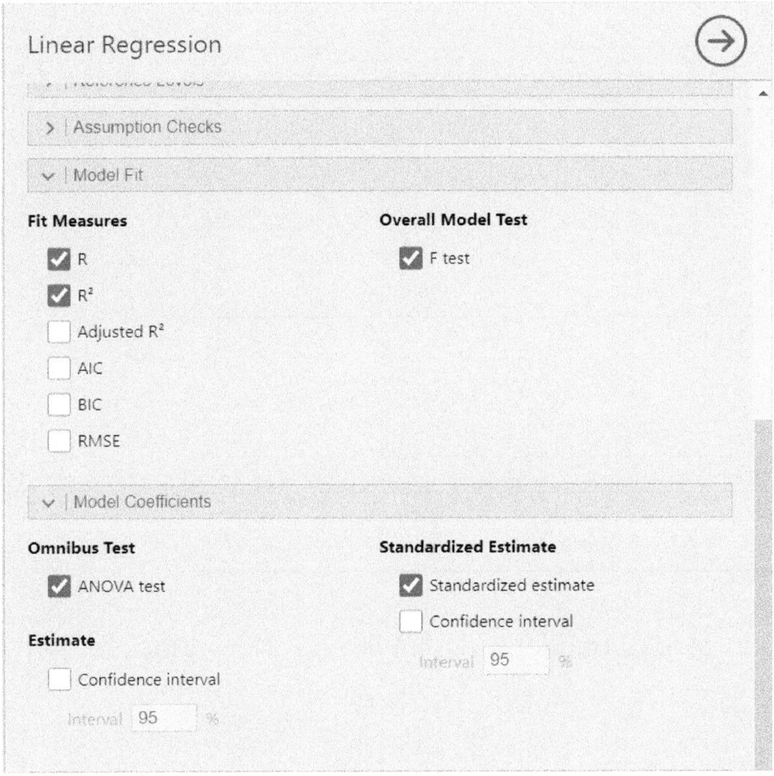

나타난 결과를 살펴보면 학습시간(X3)만 예측변수로 포함된 회귀모형은 학업성취도 변량의 94.3%를 설명했고, 회귀계수는 통계적으로 유의미했다(β=.97, t=11.55, p〈.001).

Linear Regression

Model Fit Measures

			Overall Model Test			
Model	R	R^2	F	df1	df2	p
1	0.971	0.943	134	1	8	< .001

Omnibus ANOVA Test

	Sum of Squares	df	Mean Square	F	p
학습시간X3	41.98	1	41.984	134	< .001
Residuals	2.52	8	0.314		

Note. Type 3 sum of squares

[3]

Model Coefficients - 학업성취도Y

Predictor	Estimate	SE	t	p	Stand. Estimate
Intercept	1.302	0.4043	3.22	0.012	
학습시간X3	0.913	0.0790	11.55	< .001	0.971

다음으로 Model Builder를 클릭하여 Add New Block을 눌러서 Block2를 설정한 후 사전학습(X2)을 추가한다.

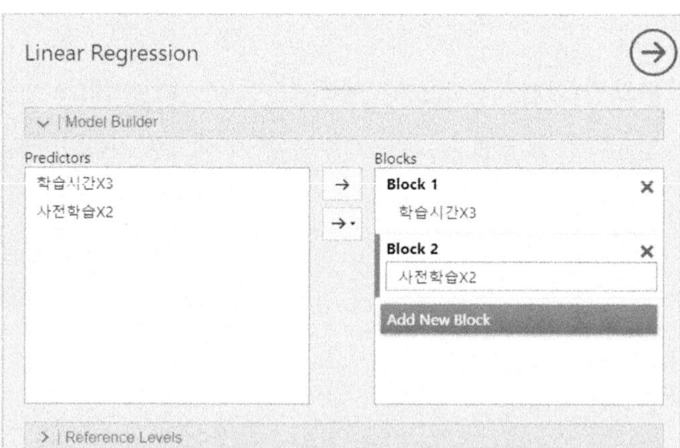

Linear Regression 결과를 살펴보면 사전학습(X2)이 추가된 이후 예측력은 .946으로 예측력의 증분(ΔR^2)은 .002로 통계적으로 유의미하지 않았다(F=.27, p〉.05). 즉, Block2의 회귀모형은 예측변수가 한 개 더 추가되어 복잡도가 증가했지만 예측력은 유의미하게 증가하지 않아서 사전학습(X2)은 예측변수에서 제외하는 것으로 판단한다.

Linear Regression

Model Fit Measures

			Overall Model Test			
Model	R	R²	F	df1	df2	p
1	0.971	0.943	133.5	1	8	< .001
2	0.972	0.946	60.8	2	7	< .001

Model Comparisons

Comparison							
Model		Model	ΔR²	F	df1	df2	p
1	-	2	0.00213	0.274	1	7	0.617

Model2의 Model Specific Results를 살펴보아도 사전학습(X2)은 회귀계수로서 유의미하지 않았다(β=-.07, t=-.52, p〉.05).

Model Specific Results Model 2

Omnibus ANOVA Test

	Sum of Squares	df	Mean Square	F	p
학습시간X3	17.8564	1	17.8564	51.627	< .001
사전학습X2	0.0948	1	0.0948	0.274	0.617
Residuals	2.4211	7	0.3459		

Note. Type 3 sum of squares

[3]

Model Coefficients - 학업성취도Y

Predictor	Estimate	SE	t	p	Stand. Estimate
Intercept	1.473	0.536	2.750	0.029	
학습시간X3	0.968	0.135	7.185	< .001	1.0305
사전학습X2	-0.110	0.209	-0.523	0.617	-0.0751

다음으로 Add New Block을 눌러서 Covariates에 자아존중감(X1)을 추가하고, Block3에 자아존중감(X1)을 추가한다.

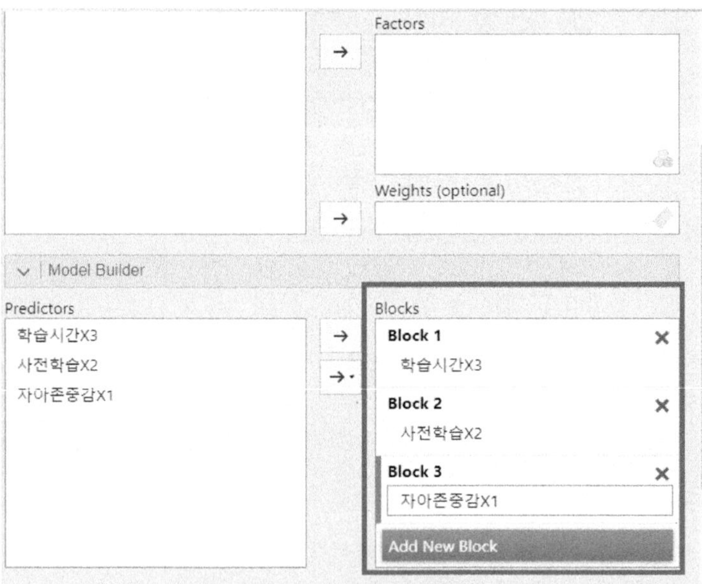

Linear Regression의 Model Fit Measures를 살펴보면 R2값은

0.971로 전 단계보다 0.025 증가했으나, 예측력의 증분(ΔR^2)은 통계적으로 유의미하지 않았다($F_{1,6}$=5.24, $p>.05$).

Linear Regression

Model Fit Measures

			Overall Model Test			
Model	R	R^2	F	df1	df2	p
1	0.971	0.943	133.5	1	8	< .001
2	0.972	0.946	60.8	2	7	< .001
3	0.985	0.971	66.9	3	6	< .001

Model Comparisons

Comparison							
Model		Model	ΔR^2	F	df1	df2	p
1	-	2	0.00213	0.274	1	7	0.617
2	-	3	0.02537	5.241	1	6	0.062

Model3의 Model Specific Results를 살펴보면 자아존중감의 표준화 회귀계수는 -.27로서 통계적으로 유의미하지 않았다(β=-.27, t=-2.28, $p>.05$). 따라서 자아존중감(X1)도 회귀모형에서 예측변수로서 제외하는 것으로 판단했다.

Model Specific Results Model 3

Omnibus ANOVA Test

	Sum of Squares	df	Mean Square	F	p
학습시간X3	18.4085	1	18.4085	85.4686	< .001
사전학습X2	0.0185	1	0.0185	0.0859	0.779
자아존중감X1	1.1288	1	1.1288	5.2409	0.062
Residuals	1.2923	6	0.2154		

Note. Type 3 sum of squares

[3]

Model Coefficients - 학업성취도Y

Predictor	Estimate	SE	t	p	Stand. Estimate
Intercept	2.7518	0.701	3.928	0.008	
학습시간X3	1.0775	0.117	9.245	< .001	1.1467
사전학습X2	0.0527	0.180	0.293	0.779	0.0361
자아존중감X1	-0.7543	0.329	-2.289	0.062	-0.2676

3.10. spss에서 매개효과와 조절효과 분석하기

중다회귀분석의 장점은 매개효과(Mediating Effect)와 조절효과(Moderating Effect)를 규명할 수 있다는 것인데, 여기서 매개효과란 독립변수(X)가 종속변수(Y)에 영향을 줄 때 중간에 제3의 변수(M)가 둘 사이를 이어주는 효과를 말하는데 spss를 통해서 검정할 수 있다(Preacher & Hayes, 2004). 또 조절효과란 독립변수(X)가 종속변수(Y)에 주는 영향이 특정 변수(Z)에 따라서 달라지는 효과를 의미하며 이것도 spss를 통해서 검정할 수 있다(Hayes, 2013).

3.10.1. 매개효과

위에서 제시된 데이터를 가지고 먼저 매개효과를 분석하기 위한 개념모형은 아래와 같다. 학습시간(X)이 학업성취(Y) 미치는 영향에 대해 자아존중감(M)이 매개변인으로 역할을 한다고 가설을 정하였다.

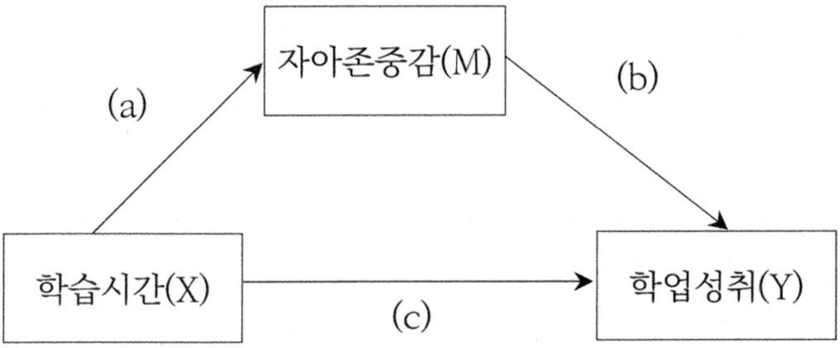

위 모형에서 학습시간이 학업성취에 직접 영향을 주는 직접효과(c)와 자아존중감을 통해서 영향을 주는 매개효과(a*b)를 spss의 중다회귀분석을 통해서 분석하려고 한다. 이를 위해서 아래와 같이 두 번의 회귀분석을 한다.

직접효과 : $Y = cX + e$

매개효과 : $Y = a^{*}bX + e$

spss를 실행하고 분석 → 회귀분석 → 선형을 클릭한다.

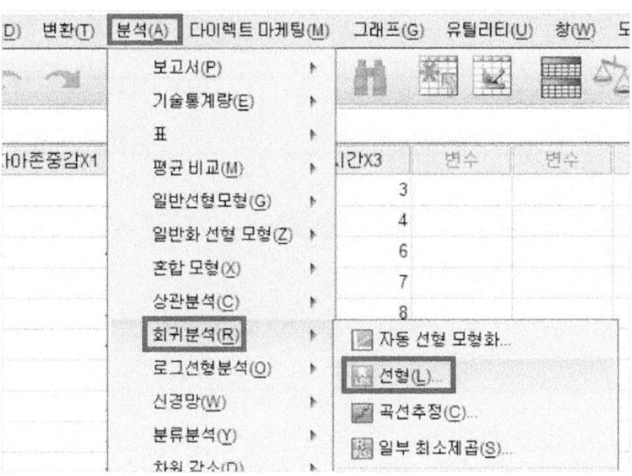

선형 회귀분석의 대화창이 열리면 종속변수에 학업성취도, 독립변수에 학습시간을 보내고 확인을 클릭한다.

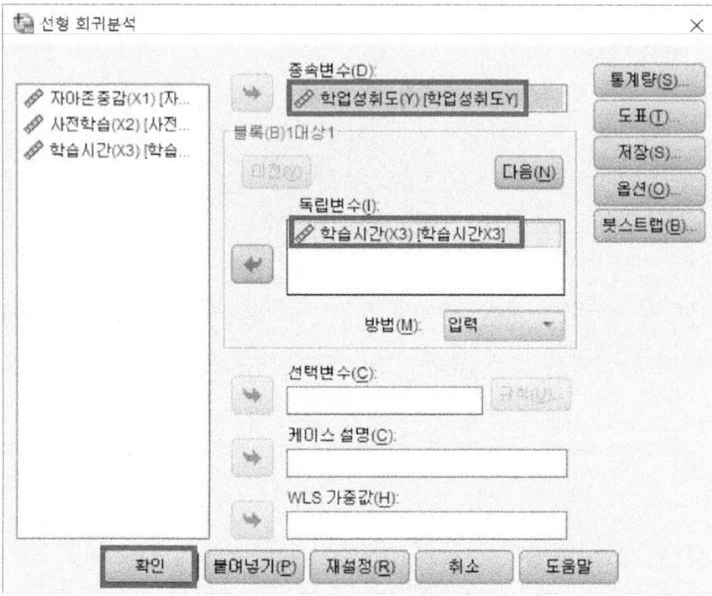

나타난 분석결과에서 회귀계수를 확인한다(β=.913, t=11.55, p〈.001).

계수[a]

모형		비표준화 계수		표준화 계수	t	유의확률
		B	표준오차	베타		
1	(상수)	1.302	.404		3.219	.012
	학습시간(X3)	.913	.079	.971	11.554	.000

a. 종속변수: 학업성취도(Y)

이어서 자아존중감을 종속변수로, 학습시간을 독립변수로 하여 단순회귀분석을 실행한다.

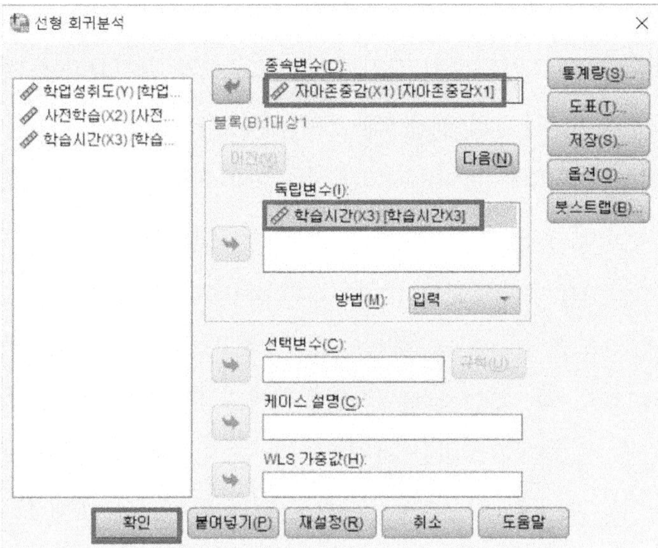

나타난 결과를 살펴보면 위 개념모형에서 (a)에 해당하는 회귀계수의 추정치를 얻을 수 있다(B=.25, t=3.32, p<.05).

계수[a]

모형		비표준화 계수 B	비표준화 계수 표준오차	표준화 계수 베타	t	유의확률	공선성 통계량 공차	공선성 통계량 VIF
1	(상수)	2.032	.391		5.200	.001		
	학습시간(X3)	.254	.076	.762	3.327	.010	1.000	1.000

a. 종속변수: 자아존중감(X1)

다음으로 학업성취를 종속변수로 하고, 학습시간과 자아존중감을 독립변수로 하여 표준 중다회귀분석을 실행한다. 그 결과 자아존중감이 학업성취에 주는 영향은 통계적으로 유의미하다(B=-.71, t=-2.53, p<.05).

계수[a]

모형		비표준화 계수 B	비표준화 계수 표준오차	표준화 계수 베타	t	유의확률	공선성 통계량 공차	공선성 통계량 VIF
1	(상수)	2.757	.653		4.222	.004		
	학습시간(X3)	1.095	.094	1.165	11.631	.000	.420	2.384
	자아존중감(X1)	-.716	.282	-.254	-2.537	.039	.420	2.384

a. 종속변수: 학업성취도(Y)

매개효과는 (a)*(b)로 -0.716*0.254을 계산하면 -0.181이다. 즉, 학습시간(X)은 학업성취(Y)에 대해 0.97의 직접효과와 -0.18의 간접효과를 가지며, 그 간접효과가 자아존중감의 매개효과 크기이다. 매개효과가 통계적으로 유의미한지 여부에 대해서는 sobel test를 통해 확인할 수 있는데, google에 무료로 sobel test를 실행할 수 있는 사이트를 이용해보자. (https://www.danielsoper.com/statcalc/calculator.aspx?id=31)

나타난 결과를 살펴보면 sobel 통계량은 -2.02였고, 통계적으로 유의미했다(Z=-2.02, p<.05). 즉, 학습시간은 학업성취에도 유의미한 직접효과가 있고, 자아존중감을 매개로 유의미한 간접효과가 있다. 그러나 자아존중감이 학업성취에 미치는 매개효과가 부정적(-)으로 나타난 결과에 대해서는 이론적 검토가 필요하다. 즉, 연구자는 언제나 통계분석 결과를 무작정 받아들이지 말고 선행연구와 이론에 근거하여 비판적으로 검토하는 자세를 견지해야 한다.

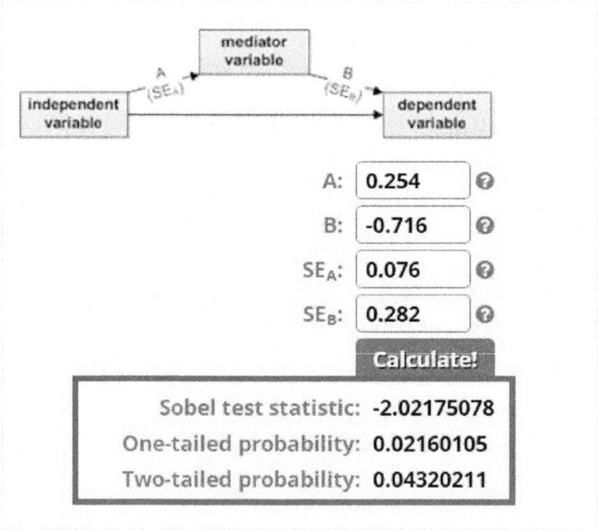

3.10.2. 조절효과 분석하기

조절효과의 개념모형은 아래와 같다. 학습시간(X)이 학업성취(Y)에 미치는 영향이 학습자의 자아존중감(Z)에 따라서 달라진다는 가설이다.

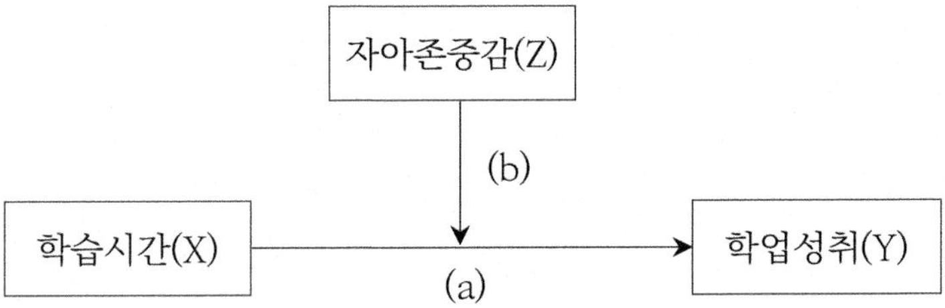

이러한 가설을 spss에서 검정하기 위해 필요한 것은 학습시간이 학업성취에 미치는 직접효과(a)와 자아존중감의 조절효과(b)를 추정하는 것이다. 이를 수행하기 전에 학습시간과 자아존중감을 중심화(centering)할 필요가 있다. 중심화란 각 변수의 원점수에서 평균을 빼주는 것$(X-\overline{X})$으로 편차점수(deviation score)라고도 하는데, 중심화를 하게 되면 다중공선성을 최소화할 수 있다(Hayes, 2013). 위 모형에서는 먼저 학습시간(X)과 자아존중감(Z)을 중심화한다. 이를 위해 spss를 실행하고 학습시간과 자아존중감의 평균을 산출한다.

이를 위해 spss를 실행하고 분석 → 기술통계량 → 기술통계를 클릭한다.

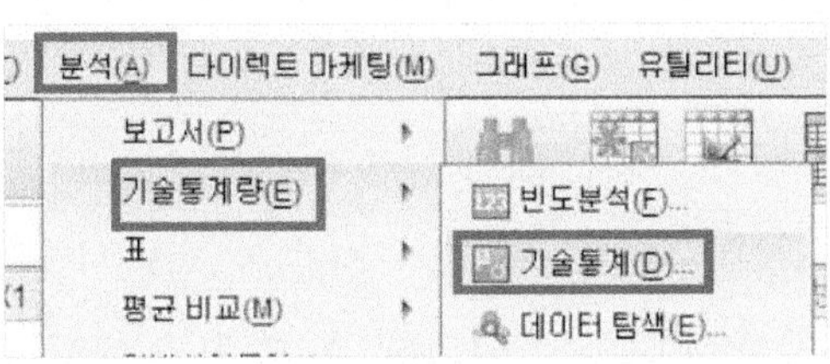

대화창이 나타나면 변수에 자아존중감과 학습시간을 보내고, 확인을 클릭한다.

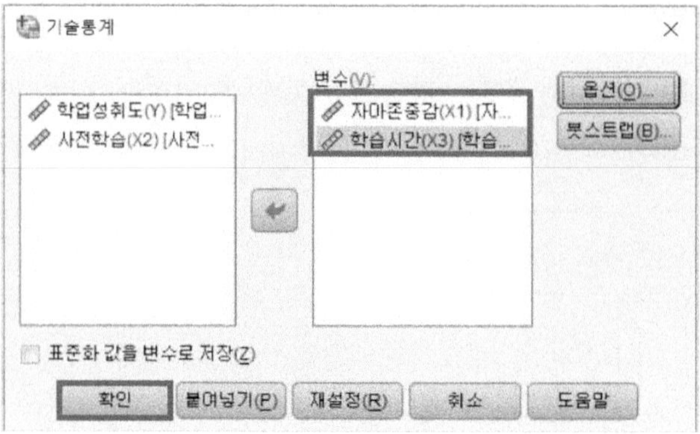

결과를 살펴보면 자아존중감(X1)의 평균은 3.20, 학습시간(X3)의 평균은 4.60으로 나타났다.

기술통계량

	N	최소값	최대값	평균	표준편차
자아존중감(X1)	10	2	4	3.20	.789
학습시간(X3)	10	1	8	4.60	2.366
유효수 (목록별)	10				

이어서 중심화를 위해 spss메뉴레서 변환 → 변수계산을 클릭한다.

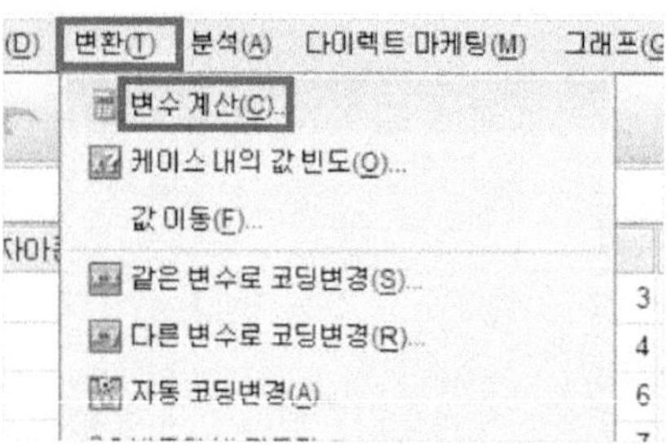

변수계산 대화창이 나타나면 대상변수에 중심화를 의미하는 학습시간C를 입력하고 숫자표현식에 '(학습시간-4.60)'을 입력한 후 확인을 클릭한다.

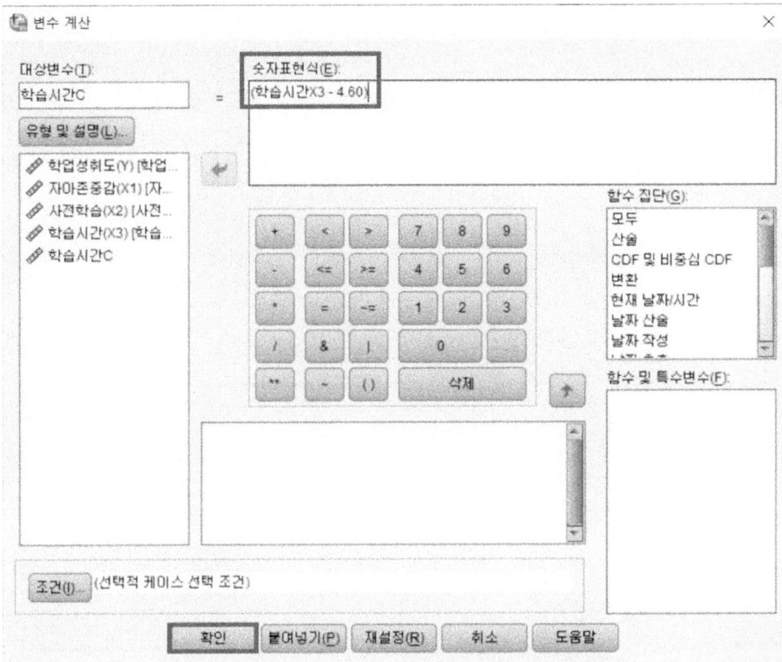

데이터 보기 창에 중심화된 새로운 변수 '학습시간c'가 나타난다.

학업성취도Y	자아존중감X1	사전학습X2	학습시간X3	학습시간C	변수
4	3	4	3	-1.60	
5	3	5	4	-.60	
7	4	4	6	1.40	
8	3	5	7	2.40	
9	4	6	8	3.40	
5	4	5	5	.40	
7	3	3	6	1.40	
2	2	1	1	-3.60	
3	2	2	1	-3.60	
5	4	4	5	.40	

자아존중감도 같은 방법으로 중심화한다.

취도Y	자아존중감X1	사전학습X2	학습시간X3	학습시간C	자아존중감c
4	3	4	3	-1.60	-.20
5	3	5	4	-.60	-.20
7	4	4	6	1.40	.80
8	3	5	7	2.40	-.20
9	4	6	8	3.40	.80
5	4	5	5	.40	.80
7	3	3	6	1.40	-.20
2	2	1	1	-3.60	-1.20
3	2	2	1	-3.60	-1.20
5	4	4	5	.40	.80

중심화된 학습시간과 자아존중감의 상호작용항을 만들기 위해서 변수계산 창에서 (학습시간c*자아존중감c)를 입력하고 확인을 클릭한다.

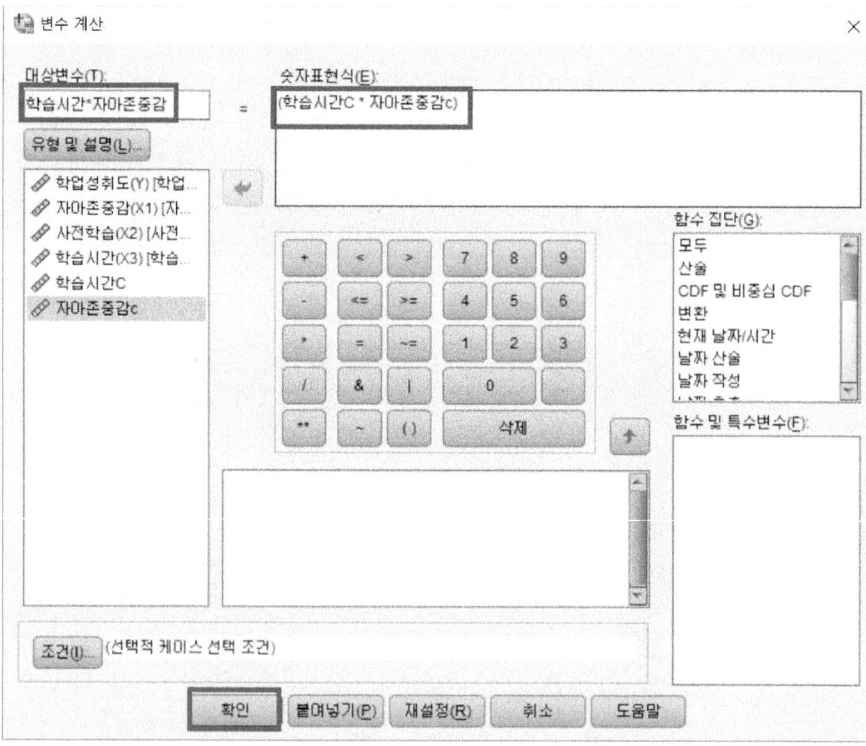

다음으로 학업성취도를 종속변수로하고, 학습시간(X3)과 새롭게 중심화된 '학습시간c*자아존중감c'를 독립변수로 하여 표준 중다회귀분석을 실시한다. 분석 → 회귀분석 → 선형을 클릭한다.

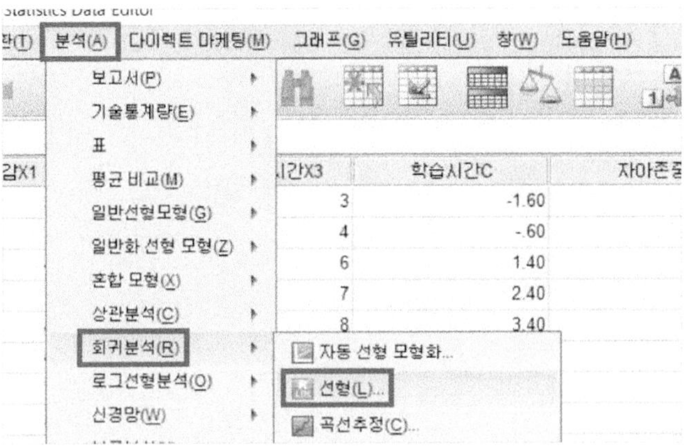

선형 회귀분석 대화창이 열리면 종속변수에 학업성취도를 보내고, 독립변수에 학습시간c를 보낸 후 블록(B)대상1의 대화창에 '다음'을 클릭한다.

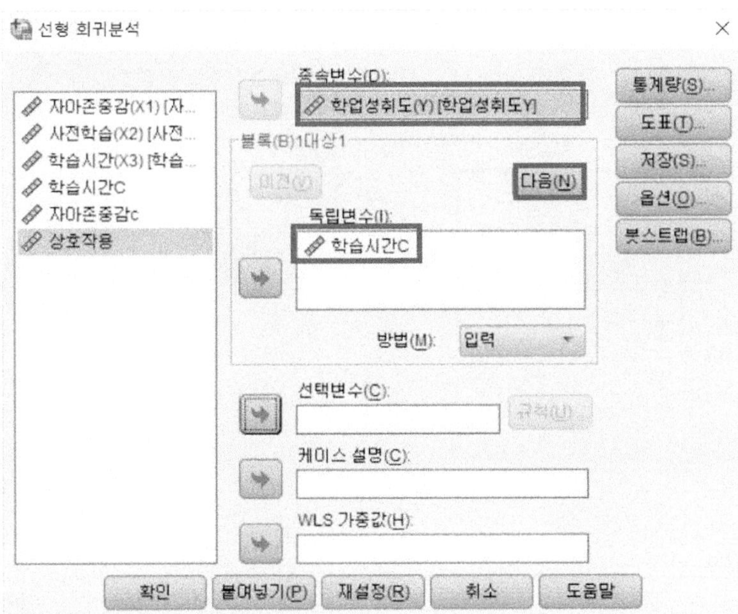

'블록(B)대상2' 대화창이 나타나면 독립변수에 상호작용을 추가하고, 통계량을 클릭한다.

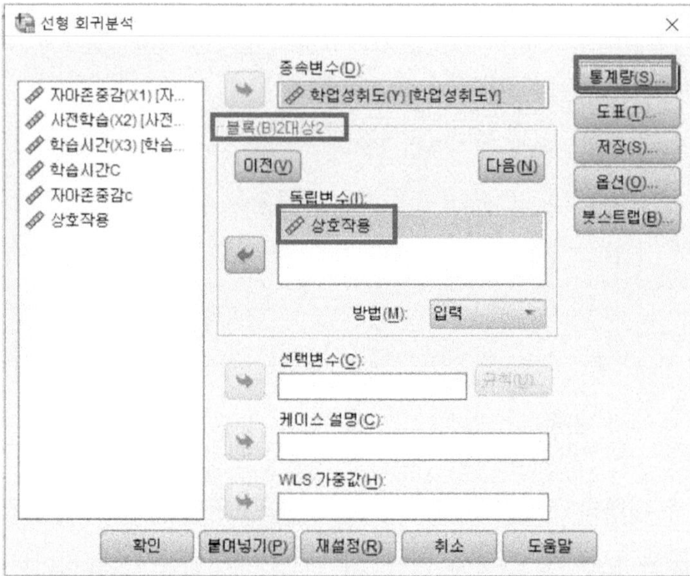

선형회귀분석: 통계량 대화창이 나타나면 모형적합, R제곱 변화량, 기술통계, 공선성 진단 등 필요한 옵션을 선택하고, 계속을 클릭한다.

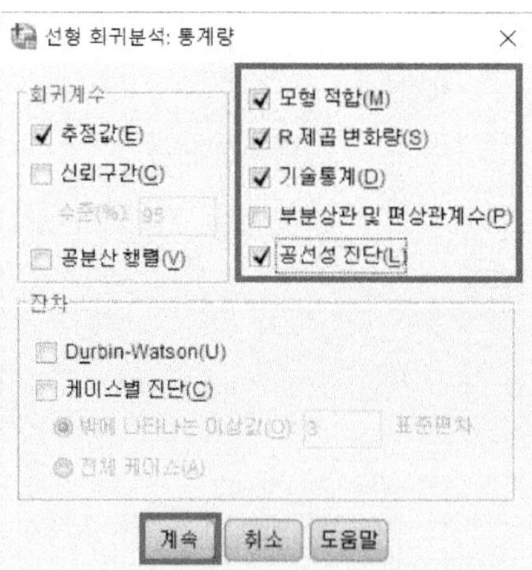

이어서 확인을 클릭하면 결과값이 나타난다. 학습시간c만 포함된 회귀모형의 R2는 .943으로 학업성취도 변량의 94.3%를 설명했고, 상호작용항이 추가된 회귀모형2의 R2는 .954로 예측력이 거의 증가되지 않았다.

모형 요약

모형	R	R 제곱	수정된 R 제곱	추정값의 표준오차	통계량 변화량				
					R 제곱 변화량	F 변화량	df1	df2	유의확률 F 변화량
1	.971[a]	.943	.936	.561	.943	133.502	1	8	.000
2	.976[b]	.954	.940	.544	.010	1.512	1	7	.259

a. 예측값: (상수), 학습시간C

b. 예측값: (상수), 학습시간C, 상호작용

각 회귀모형에 포함된 예측변인의 회귀계수의 유의미성을 살펴보면 모형2에 포함된 상호작용의 회귀계수를 통계적으로 유의미하지 않았다(β =.122, t=1.23, p〉.05). 이를 통해서 볼 때 학습시간이 학업성취도에 미치는 영향에서 자아존중감의 조절효과는 통계적으로 유의미하지 않다.

계수[a]

모형		비표준화 계수		표준화 계수	t	유의확률	공선성 통계량	
		B	표준오차	베타			공차	VIF
1	(상수)	5.500	.177		31.014	.000		
	학습시간C	.913	.079	.971	11.554	.000	1.000	1.000
2	(상수)	5.311	.231		23.026	.000		
	학습시간C	.978	.093	1.040	10.509	.000	.678	1.476
	상호작용	.148	.120	.122	1.230	.259	.678	1.476

a. 종속변수: 학업성취도(Y)

3.11. jamovi에서 매개효과와 조절효과 분석하기

이번에는 jamovi에서 매개효과과 조절효과를 분석하는 방법을 안내하겠다. 매개효과와 조절효과에 관한 개념은 이미 설명했으므로 생략한다.

3.11.1. 매개효과 분석하기

위에서 제시한 동일한 매개효과 개념모형을 jamovi에서 분석하기 위해서는 앞선 선형 중다회귀분석을 사용할 수도 있지만 'medmod'라는 기능을 추가해서 사용하면 매우 편리하다. 이를 위해 +Modules를 클릭하고, jamovi library에서 medmod를 찾는다.

medmod 모듈을 찾으면 install을 클릭하여 설치한다.

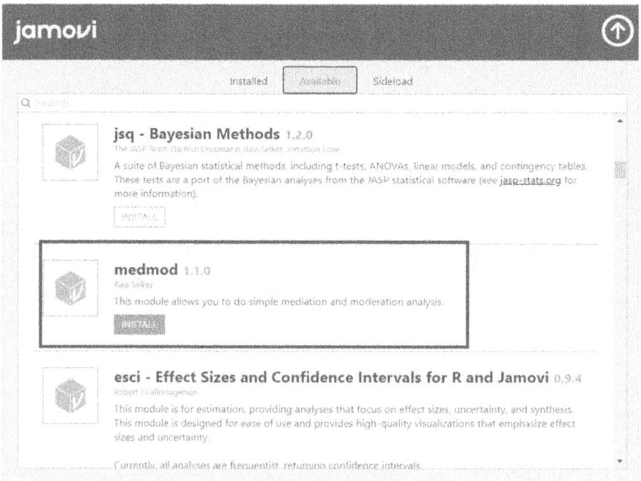

데이터 창을 보면 상단 메뉴에 medmod가 설치된 것을 확인할 수 있다.

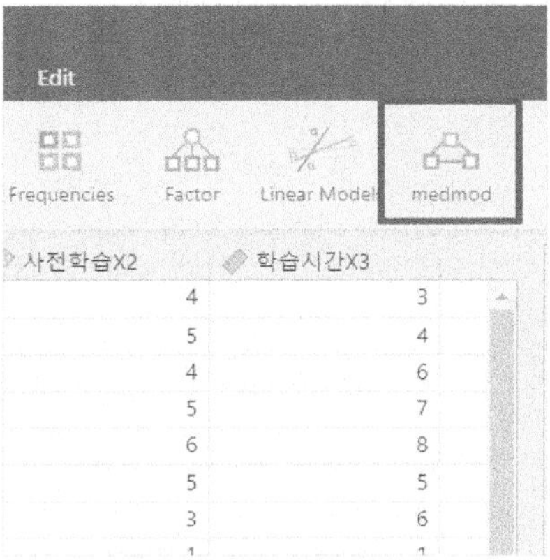

medmod를 클릭하면 Mediation(매개)과 Moderation(조절) 중 선택하도록 나오는데, 먼저는 Mediation을 선택한다.

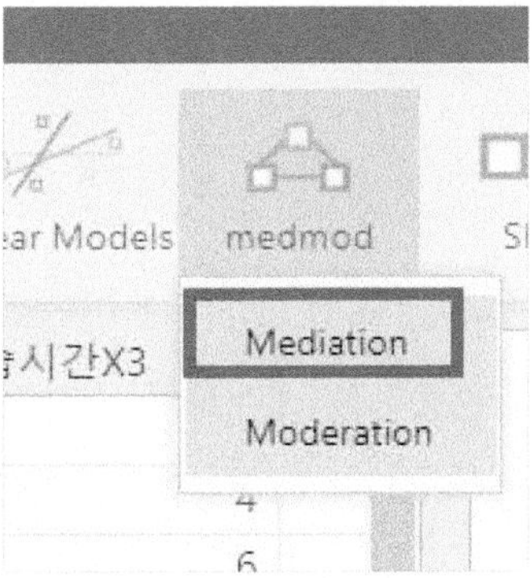

Mediation 대화창이 나타나면 Dependent Variable에 학업성취도, Mediator에 자아존중감, Predictor에 학습시간을 보내고, Additional Output에서 Path estimates를 클릭한다.

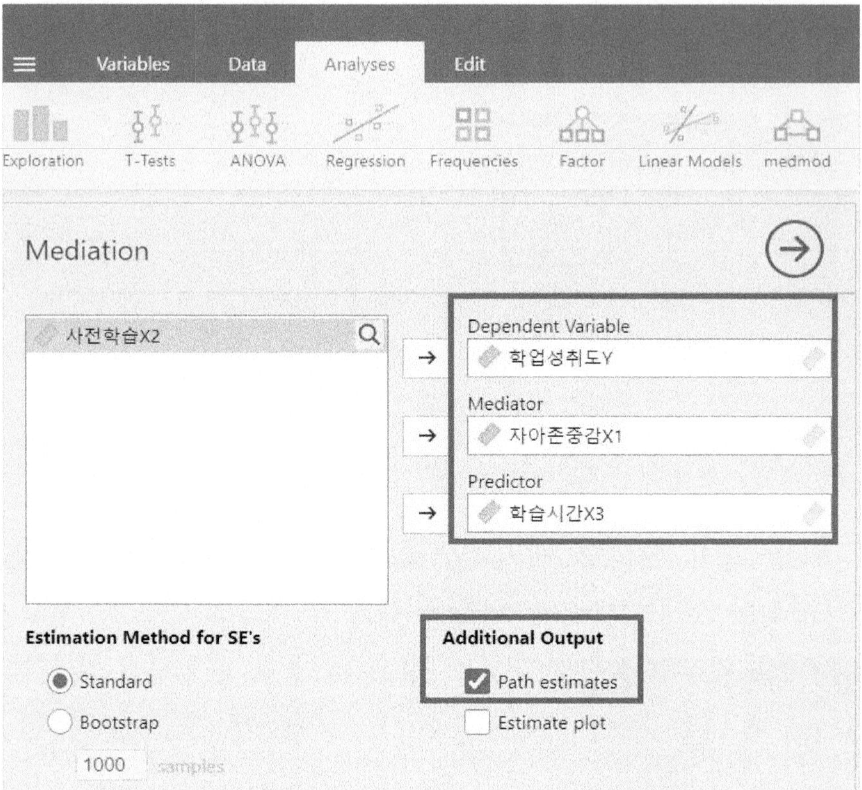

결과창을 살펴보면 학습시간이 학업성취에도 주는 직접효과는 1.095로 유의미하고(B=1.095, Z=13.90, p〈.001), 자아존중감을 매개로하는 간접효과도 -0.18로 유의미한 매개효과를 나타냈다(B=-0.182, Z=-2.35, p〈.05).

Mediation

Mediation Estimates

Effect	Estimate	SE	Z	p
Indirect	-0.182	0.0774	-2.35	0.019
Direct	1.095	0.0787	13.90	< .001
Total	0.913	0.0707	12.92	< .001

Path Estimates

			Estimate	SE	Z	p
학습시간X3	→	자아존중감X1	0.254	0.0683	3.72	< .001
자아존중감X1	→	학업성취도Y	-0.716	0.2362	-3.03	0.002
학습시간X3	→	학업성취도Y	1.095	0.0787	13.90	< .001

3.11.2. 조절효과 분석하기

이번에는 위에서 제시한 개념모형대로 학습시간이 학업성취에 미치는 영향에서 자아존중감이 주는 조절효과를 jamovi로 분석하는 방법을 안내한다. 이를 위해서 medmod에서 Moderation을 클릭한다.

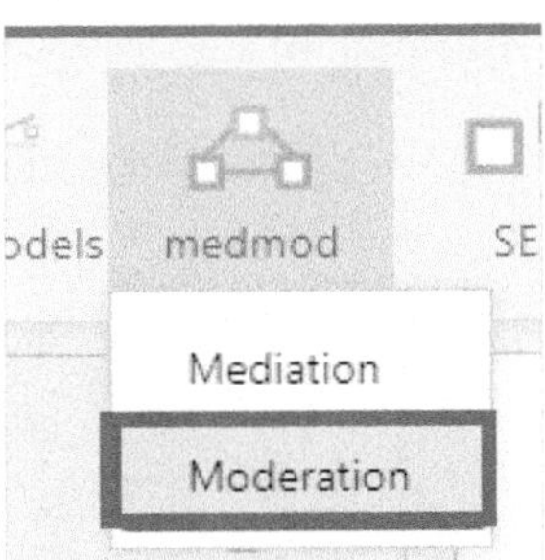

Moderation 대화창이 나타나면 Dependent Variable에 학업성취도, Predictor에 학습시간, Moderator에 자아존중감을 입력한다. 아래 Simple Slope Analysis에서는 Estimates와 Plot을 선택한다.

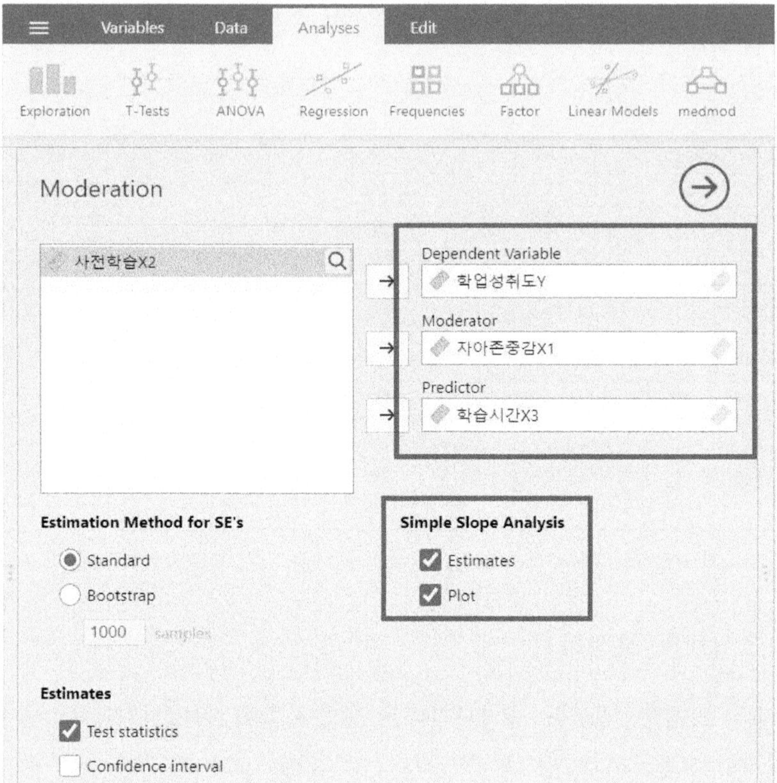

오른쪽 결과창을 살펴보면 학습시간과 자아존중감이 학업성취에 미치는 영향을 통계적으로 유의미했으나, 학습시간이 학업성취도에 미치는 영향에 대한 자아존중감의 조절효과는 유의미하게 나타나지 않았다(B=0.11, Z=1.56, p〉.05).

Moderation Estimates

	Estimate	SE	Z	p
학습시간X3	1.131	0.0557	20.31	< .001
자아존중감X1	−0.664	0.1375	−4.83	< .001
학습시간X3 ✻ 자아존중감X1	0.112	0.0719	1.56	0.118

04 로지스틱스 회귀분석 (Logisitcs Regression Analysis)

4.1 로지스틱스 회귀분석의 개념

일반적인 선형회귀분석은 종속변수가 정규분포를 이루는 연속변수일 때 적용할 수 있는데, 연구를 진행하다 보면 종속변수가 경기의 승, 패 또는 시험에서 합격, 불합격과 같이 이분변수로 나타나는 경우가 있다. 또는 종속변수가 상급, 중급, 하급처럼 세 가지 이상 범주로 나타나는 사례도 있다. 로지스틱스 회귀분석은 이처럼 종속변수가 정규분포 가정을 만족시키지 못할 때 적용할 수 있는 회귀분석 방법이다. 선형회귀분석이 정규분포 하에서 종속변수의 점수를 추정한다면(Hosmer Jr., Lemeshow, & Sturdivant, 2013), 로지스틱스 회귀분석은 종속변수가 정규분포를 이루지 못해도 적용할 수 있다.

종속변수가 두 가지 경우로 나타나는 이항 로지스틱스 회귀분석(binary logistics regression)을 예로 들어서 설명한다. A라는 고등학생이 B대학에 지원했다면 그 결과는 '합격/불합격'이라는 두 가지 경우로 나타난다.

P: A가 B대학에 합격할 확률

1-P: A가 B대학에 합격하지 않을 확률

승산비: $\frac{p}{1-p}$

이때 합격하지 않을 확률에 비해 합격할 확률을 승산비(odds)라고 하고, 승산비에 로그를 취하면 로짓(logit) 또는 log odd라고 부른다. 여기에서 확률(p)은 로짓함수의 역함수를 취하고, 이것을 종속변수로 하는 것을 로지스틱스 회귀분석이라고 한다.

$$\log\left(\frac{p}{1-p}\right) = \beta_0 + \beta_1 X_1$$

$$p = \frac{1}{1+e^{-(\beta_0+\beta_1 X_1+\cdots+\beta_k X_k)}}$$

예를 들어서, A대학에 지원한 학생의 수능성적과 내신성적 등으로 합격 여부를 예측하려고 한다. 아래에 20명의 지원자 데이터가 제시되어 있는데, 합격 여부는 명목변수로 1=합격, 0=불합격으로 코딩한다.

학생	수능성적	내신성적	합격여부
1	380	1.2	1
2	350	2.1	1
3	310	2.5	1
4	295	3.1	0
5	270	3.5	0
6	330	1.8	1
7	290	2.8	0
8	315	2	1
9	250	3.9	0
10	360	1.5	1
11	300	3.2	0
12	340	2.1	1
13	265	3.6	0
14	285	2.9	0
15	370	1.3	1
16	255	4.2	0
17	325	2	1
18	295	3	0
19	345	1.9	1
20	275	3.4	0
평균	310.25	2.6	-
표준편차	38.68	0.88	-

4.2. spss에서 이항 로지스틱스 회귀분석 실행하기

위 데이터를 가지고 spss에서 이항(두 가지 경우의 수로 나타나는 종속변수) 로지스틱스 분석을 실시하는 방법을 안내한다. 이를 위해 spss를 실행하고, 데이터를 불러온다. 이어서 분석 → 회귀분석 → 이분형 로지스틱을 클릭한다.

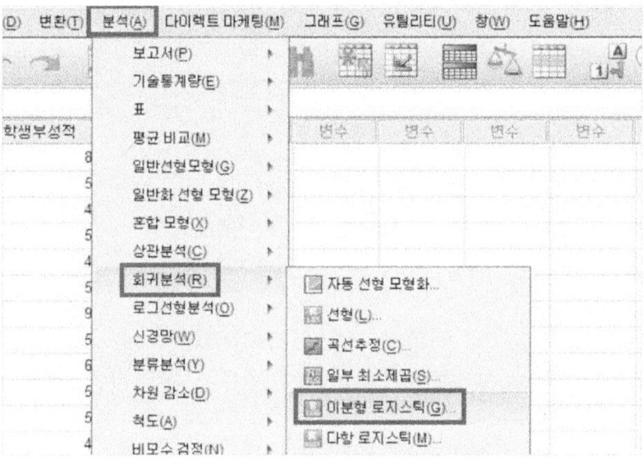

로지스틱스 회귀모형 대화창이 열리면 종속변수에 합격여부, 공변량에 수능성적과 학생부 성적을 보낸다.

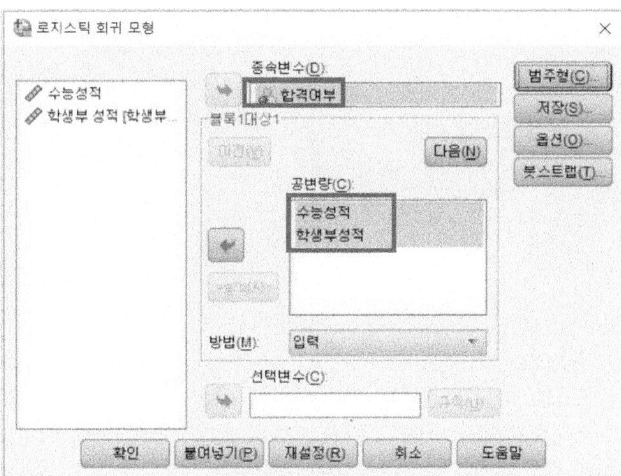

로지스틱스 회귀분석: 옵션을 클릭하여, 대화창이 열리면 분류도표, Hosmer-Lemeshow 적합도, exp(B)에 대한 신뢰구간 등을 선택한 후 계속을 클릭한다.

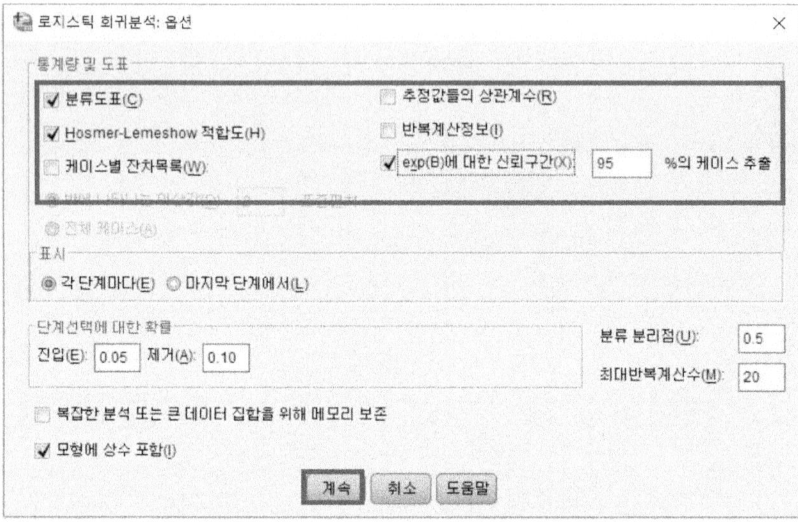

로지스틱 회귀모형 대화창으로 돌아오면 확인을 클릭한다.

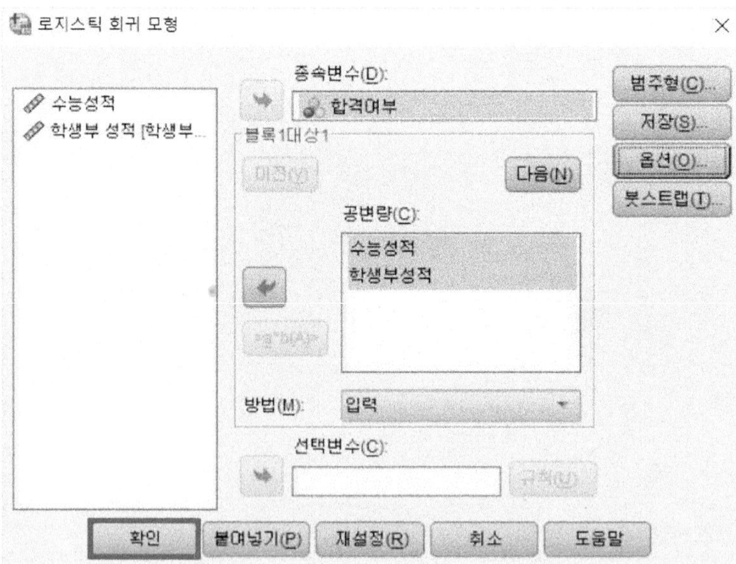

먼저 케이스 처리 요약을 살펴보면 분석에 포함된 케이스와 결측값을 보여준다. 결과를 보면 20개 사례수 모두 분석에 포함된 것을 알 수 있다. 종속변수 코딩은 0은 '해당이 없음'으로, 1은 '해당 됨'으로 처리했다는 것을 보여주고, 위 사례에서는 연구자의 의도와 같이 0은 불합격, 1은 합격으로 처리됐음을 알 수 있다.

케이스 처리 요약

가중되지 않은 케이스[a]		N	퍼센트
선택 케이스	분석에 포함	20	100.0
	결측 케이스	0	.0
	합계	20	100.0
비선택 케이스		0	.0
합계		20	100.0

a. 가중값을 사용하는 경우에는 전체 케이스 수의 분류표를 참조하십시오.

종속변수 코딩

원래 값	내부 값
0	0
1	1

다음은 예측변수를 전혀 포함하지 않았을 때 상수항만 가지고 분류예측을 한 결과를 보여준다.

블록 0: 시작 블록

분류표[a,b]

감시됨			예측 합격여부 0	예측 합격여부 1	분류정확 %
0 단계	합격여부	0	0	10	.0
		1	0	10	100.0
	전체 퍼센트				50.0

a. 모형에 상수항이 있습니다.

b. 절단값은 .500입니다.

방정식에 포함된 변수

		B	S.E,	Wals	자유도	유의확률	Exp(B)
0 단계	상수항	.000	.447	.000	1	1.000	1.000

방정식에 포함되지 않은 변수

			점수	자유도	유의확률
0 단계	변수	수능성적	14.637	1	.000
		내신성적	15.590	1	.000
	전체 통계량		15.599	2	.000

다음을 예측변수가 회귀모형에 포함됐을 때 모형 전체의 유의미성을 카이제곱 검정결과로 보여준다. 모형의 카이제곱 값은 통계적으로 유의미하다 (χ^2=27.72, df=2, p〈.001). 이것은 모형에 포함된 예측변수 중 적어도 한 개는 유의미하다는 것이다.

블록 1: 방법 = 진입

모형 계수 전체 테스트

		카이제곱	자유도	유의확률
1 단계	단계	27.726	2	.000
	블록	27.726	2	.000
	모형	27.726	2	.000

다음은 모형의 적합도와 설명력을 보여주는 모형요약이 제시되어 있다. -2Log우도값은 더 작을수록 현재의 모형이 실제를 잘 반영해준다는 의미인데, 지수 자체에 의미는 두지는 않고 모형 간 적합도를 비교할 때 사용한다. Cox와 Snell의 R제곱, Nagelkerke R제곱은 선형회귀모형의 R제곱값과 조정된 R제곱과 유사한 의미인데, 통상 Nagelkerke의 R제곱값을 사용하지만 큰 의미를 두지는 않는다.

모형 요약

단계	-2 Log 우도	Cox와 Snell의 R-제곱	Nagelkerke R-제곱
1	.000[a]	.750	1.000

a. 최대 반복계산수에 도달하여 계산반복수 20에서 추정을 종료하였습니다. 최종 해를 구할 수 없습니다.

Hosmer와 Lemeshow 검정은 회귀모형이 예측한 결과와 실제 관찰값이 얼마나 일치하는지를 보여주는 것으로 로지스틱스 회귀모형의 적합도를 판단하는 핵심지표이다. 이 값은 유의수준 .05이상일 때 회귀모형의 적합도가 높은 것으로 해석한다. 위 데이터에서 대학합격 여부를 예측하는 변수로 수능성적과 내신성적을 포함한 이분형 로지스틱스 회귀모형의 적합도는 수용할 수 있다.

= Hosmer 와 Lemeshow 검정 =

단계	카이제곱	자유도	유의확률
1	.000	5	1.000

다음은 예측변수가 포함된 회귀모형이 합격여부를 얼마나 잘 예측하는지를 보여주는 지표로서 이전에 예측변수 없는 영모형의 분류정확은 50%였는데, 수능성적과 내신성적이 포함된 모형의 분류정확은 100%로 매우 개선된 것을 볼 수 있다.

분류표[a]

감시됨			예측 합격여부 0	예측 합격여부 1	분류정확 %
1 단계	합격여부	0	10	0	100.0
		1	0	10	100.0
	전체 퍼센트				100.0

a. 절단값은 .500입니다.

다음은 로지스틱스 회귀모형에 포함된 변수의 유의미성을 보여준다. B는 회귀계수로 양수로 나타나면 사건발생 확률이 증가한다는 것을 의미하고, 음수로 나타나면 사건발생 확률이 감소한 것을 것을 의미한다. Wald는 각 변수의 유의미성을 검정하는 통계량으로 선형회귀에서 t값과 유사하고, 유의확률은 선형회귀와 마찬가지로 .05미만일 때 유의하다. Exp(B)는 회귀계수가 한 단위 증가할 때 승산(Odds)가 얼마만큼 증가하는지를 보여준다.

방정식에 포함된 변수

		B	S.E.	Wals	자유도	유의확률	Exp(B)	EXP(B)에 대한 95% 신뢰구간	
								하한	상한
1 단계[a]	수능성적	1.179	521.207	.000	1	.998	3.252	.000	.
	내신성적	-34.368	22301.864	.000	1	.999	.000	.000	.
	상수항	-262.945	206924.696	.000	1	.999	.000		

a. 변수가 1: 단계에 진입했습니다 수능성적, 내신성적. 수능성적, 내신성적.

4.3. jamovi에서 이항 로지스틱스 회귀분석 실행하기

다음은 동일한 데이터로 jamovi에서 이항 로지스틱스 회귀분석을 실행하기 위해 jamovi를 연다.

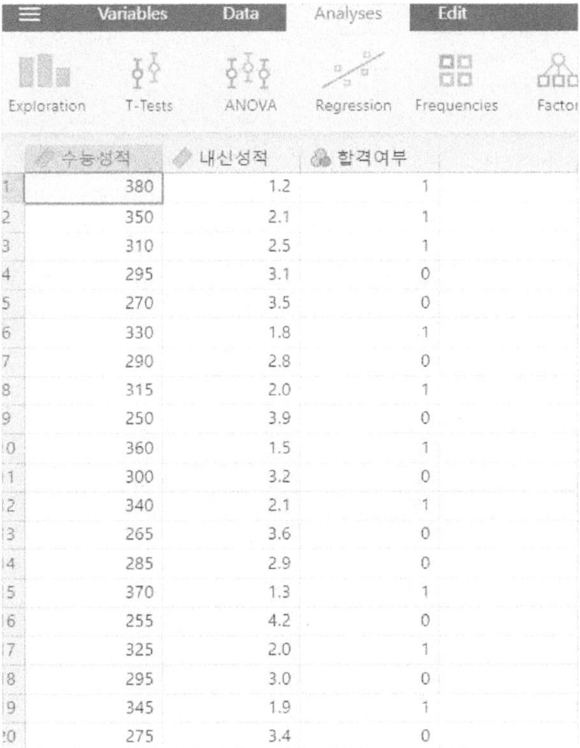

	수능성적	내신성적	합격여부
1	380	1.2	1
2	350	2.1	1
3	310	2.5	1
4	295	3.1	0
5	270	3.5	0
6	330	1.8	1
7	290	2.8	0
8	315	2.0	1
9	250	3.9	0
10	360	1.5	1
11	300	3.2	0
12	340	2.1	1
13	265	3.6	0
14	285	2.9	0
15	370	1.3	1
16	255	4.2	0
17	325	2.0	1
18	295	3.0	0
19	345	1.9	1
20	275	3.4	0

이어서 Analyses → Regression → 2 Outcomes Binomial을 클릭한다.

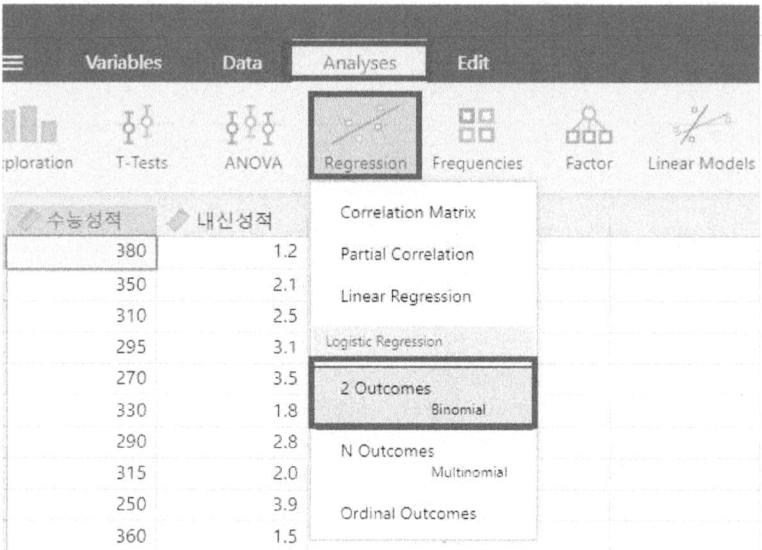

Binomial Logistic Regression 대화창이 열리면 Dependent Variable에는 합격여부, Covariates에는 수능성적과 내신성적을 보낸다. 만약 예측변수의 측정수준이 명목변수나 서열변수일 때는 Factors에 투입하면 된다.

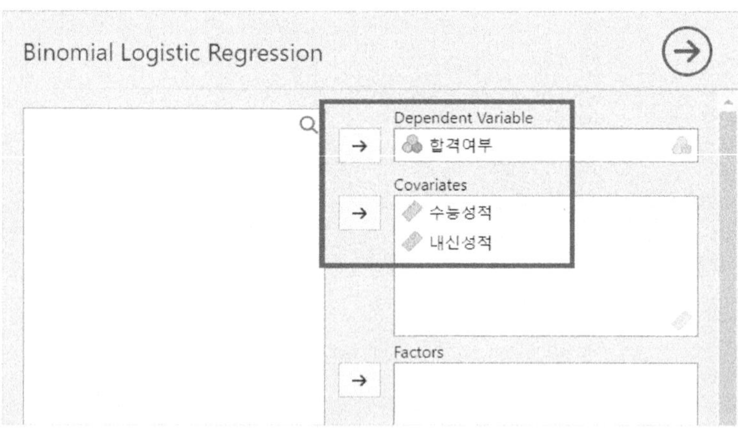

아래 선택 중 Model Fit을 클릭하고, 세부 항목 중에서 Overall model test, Cox & Snell's R2, Negelkerke's R2를 선택한다.

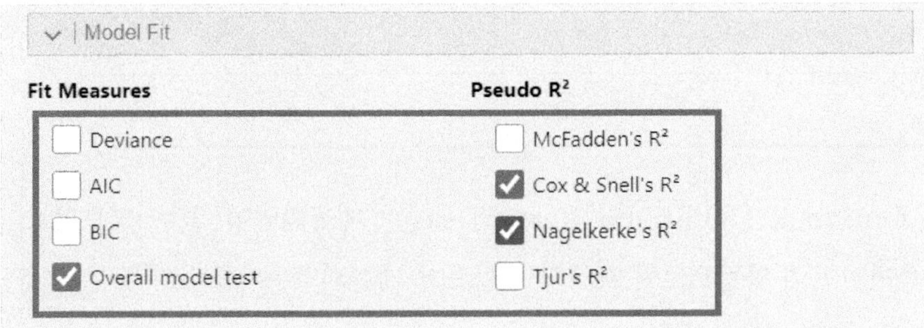

Model Coefficients를 클릭하고 세부 지수 중 Likelihood ratio tests(우도비 검정), Odds ratio(우도), Confidence interval 등을 선택한다.

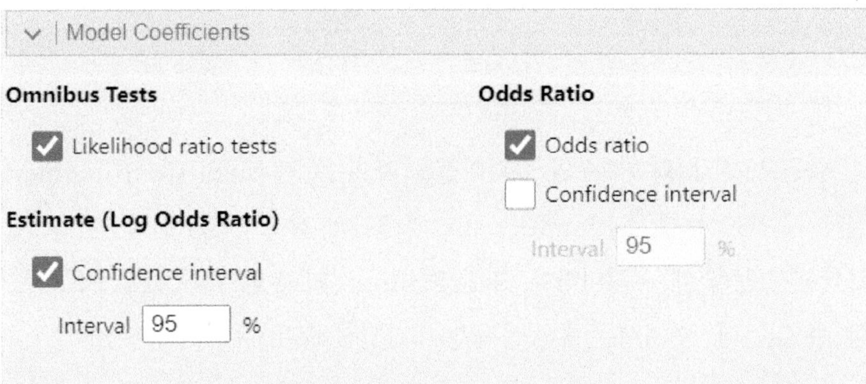

결과를 살펴보면 위 spss와 동일한 결과를 보인다. 먼저 Model Fit Measures를 살펴보면 Cox & Snell의 R제곱은 0.75, Negelkerke의 R제곱은 1.00을 높은 설명력은 보였고, Overall Model Test결과 유의미한 결과를 보였다(χ^2=27.7, df=2, p<.001). 즉, 한 가지 이상 예측변인은 유의미할 것으로 나타났다.

Model Fit Measures

Model	R^2_{CS}	R^2_N	Overall Model Test χ^2	df	p
1	0.750	1.000	27.7	2	< .001

Ominbus Likelihood Ratio Tests는 예측변인이 없는 영모형보다 예측변인이 투입됨으로써 모형의 적합도가 개선되었는지를 보여주며 p<.05일 때 유의미성이 있다.

Omnibus Likelihood Ratio Tests

Predictor	χ^2	df	p
수능성적	5.62e-10	1	1.000
내신성적	1.34e-9	1	1.000

다음으로 각 회귀계수의 유의미성을 보여주는 Model Coefficients의 결과가 나타나는데, Estimate는 spss의 B값과 같고, 95% 신뢰구간은 1을 포함하지 않을 때 유의미하다. 또한 Estimate의 유의미성은 Z값으로 확인할 수 있는데, 여기서는 수능성적과 내신성적 모두 유의미하지 않다.

Model Coefficients - 합격여부

Predictor	Estimate	95% Confidence Interval Lower	95% Confidence Interval Upper	SE	Z	p	Odds ratio
Intercept	-352.97	-3.45e-6	3.45e+6	1.76e+6	-2.01e-4	1.000	5.11e-154
수능성적	1.56	-8686	8689	4433	3.53e-4	1.000	4.78
내신성적	-43.95	-372115	372027	189836	-2.32e-4	1.000	8.20e -20

Note. Estimates represent the log odds of "합격여부 = 1" vs. "합격여부 = 0"

4.4. spss에서 다항 로지스틱스 회귀분석

앞서 예시는 종속변수가 합격/불합격이라는 두 가지 경우의 수를 예측하는 것이었는데, 때로는 종속변수의 경우의 수가 합격 / 보류 / 불합격 등과 같이 세 가지 이상일 수가 있다. 이 경우는 다항 로지스틱스 회귀분석을 적용한다. 다항 로지스틱스 회귀분석 모형을 수학적으로 표현하면 아래과 같다(Hosmer, Lemeshow, & Sturdivant, 2013).

$$\log\left(\frac{P(Y=j)}{P(Y=r)}\right) = \beta_{0j} + \beta_1 X_1 + \beta_2 X_2 + \cdots + \beta_k X_k$$

여기서 r은 종속변수의 범주를 의미하고, j는 해당되는 범주이다. β는 각 범주에 대한 독립변수 Xi의 회귀계수를 의미한다. 다항 로지스틱스 회귀분석을 안내하기 위한 가상의 예시를 아래에 제시했다. 사례는 20쌍이 서로에 대해 느끼는 호감도, 데이트 횟수, 싸운 횟수, 경제적 수준을 예측변수로 하고, 연인관계를 종속변수로 한다. 여기서 호감도, 데이트횟수, 싸움횟수 등은 연속변수, 경제적 수준은 서열변수(1=매우 낮음 ~ 5=매우 높음)이고, 연인관계는 명목변수(1=결혼 희망, 2=관계 유지, 3=결별 희망) 등이다.

사례	호감도	데이트횟수	싸움횟수	경제수준	연인관계
1	5	4	1	4	1
2	4	3	0	2	2
3	3	5	2	1	3
4	2	2	1	3	1
5	4	5	3	3	1
6	1	1	0	2	3
7	4	5	0	1	2
8	4	5	2	5	1
9	2	1	2	2	3
10	3	2	2	3	2
11	5	5	3	3	1
12	1	1	0	2	3
13	4	3	2	4	1
14	2	2	1	3	2

사례	호감도	데이트횟수	싸움횟수	경제수준	연인관계
15	3	2	2	3	3
16	2	2	1	4	1
17	1	1	0	1	3
18	3	2	1	3	2
19	4	3	2	4	1
20	3	2	1	5	1

spss에서 다항 로지스틱스 회귀분석을 수행하기 위해 spss를 실행하고, 데이터를 불러온다.

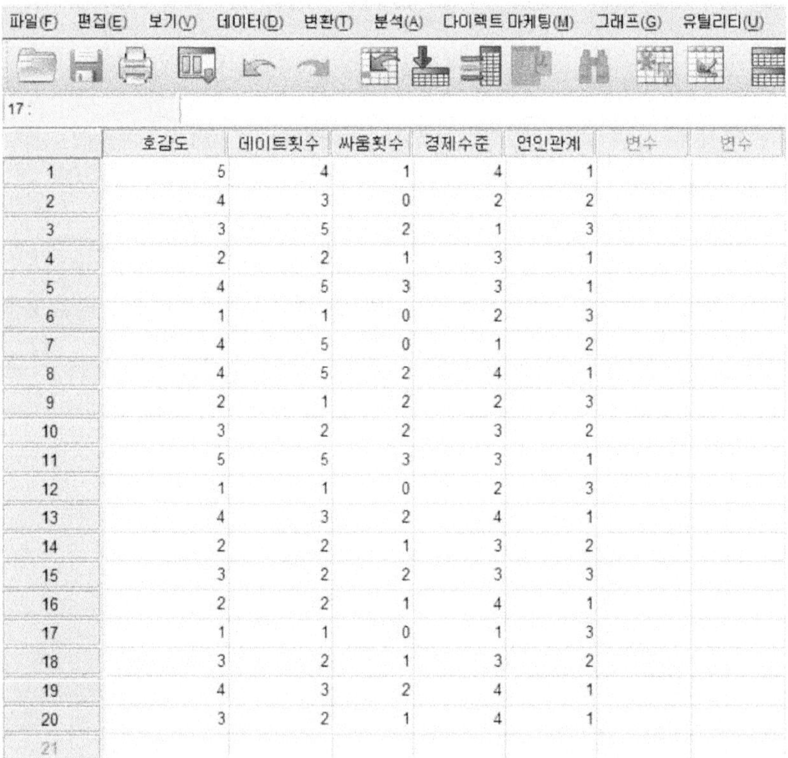

	호감도	데이트횟수	싸움횟수	경제수준	연인관계	변수	변수
1	5	4	1	4	1		
2	4	3	0	2	2		
3	3	5	2	1	3		
4	2	2	1	3	1		
5	4	5	3	3	1		
6	1	1	0	2	3		
7	4	5	0	1	2		
8	4	5	2	4	1		
9	2	1	2	2	3		
10	3	2	2	3	2		
11	5	5	3	3	1		
12	1	1	0	2	3		
13	4	3	2	4	1		
14	2	2	1	3	2		
15	3	2	2	3	3		
16	2	2	1	4	1		
17	1	1	0	1	3		
18	3	2	1	3	2		
19	4	3	2	4	1		
20	3	2	1	4	1		
21							

이어서 분석 → 회귀분석 → 다항 로지스틱을 클릭한다.

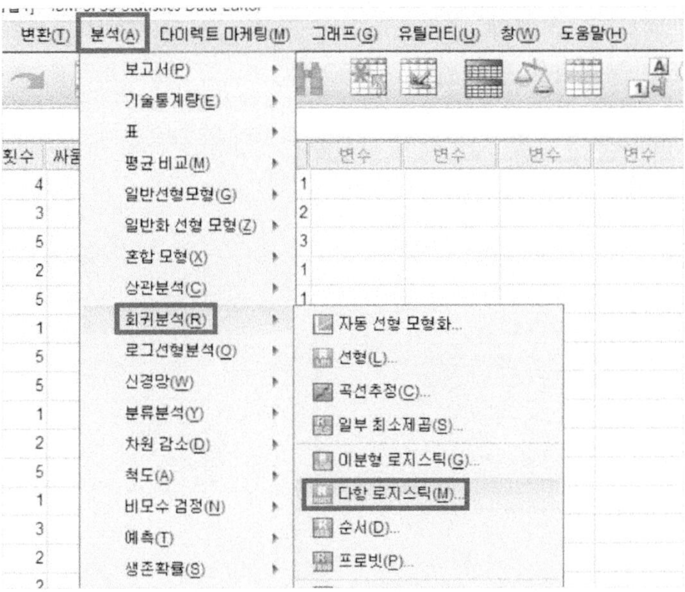

다항 로지스틱스 회귀분석 대화창이 나타나면 종속변수에는 연인관계, 서열변수인 경제수준은 요인으로, 연속변수인 호감도, 데이트횟수, 싸움횟수 등은 공변량으로 보낸다.

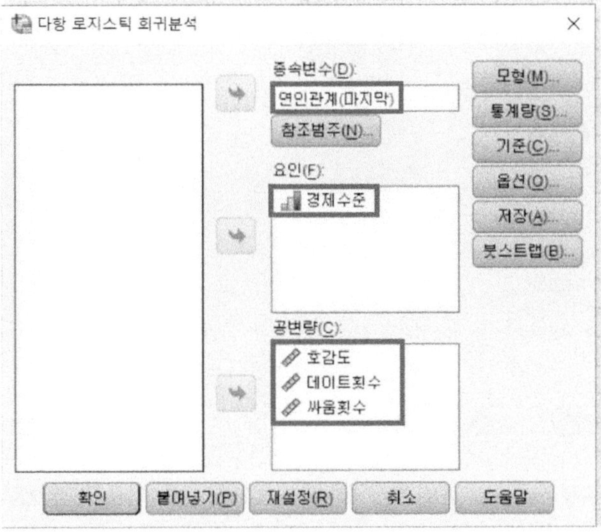

다항 로지스틱 회귀분석: 통계량을 클릭하고, 대화창이 나타나면 다양한 선택 중에서 필요한 통계량을 클릭한다.

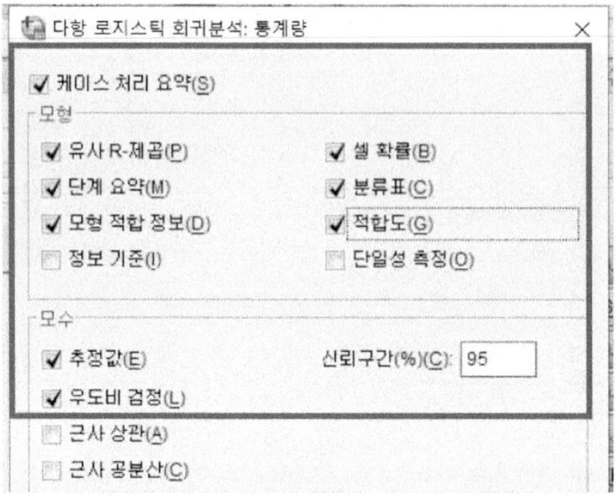

다항 로지스틱 회귀분석에서 종속변수 밑에 참조범주라는 탭을 클릭한다.

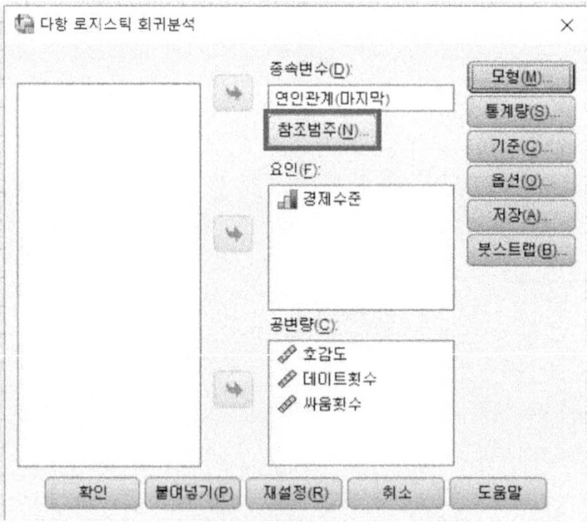

다항 로지스틱스 회귀분석의 참조범주 대화창이 나타나면 디폴트값으로 마지막 범주가 지정되어 있다.

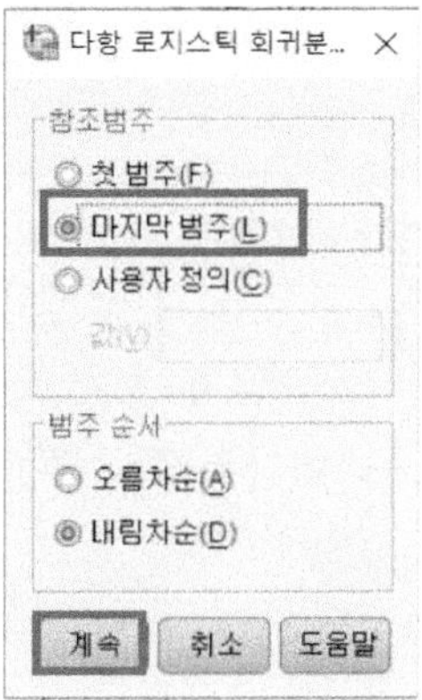

모든 선택을 마치면 다항로지스틱 회귀분석의 대화창에서 확인을 클릭한다.

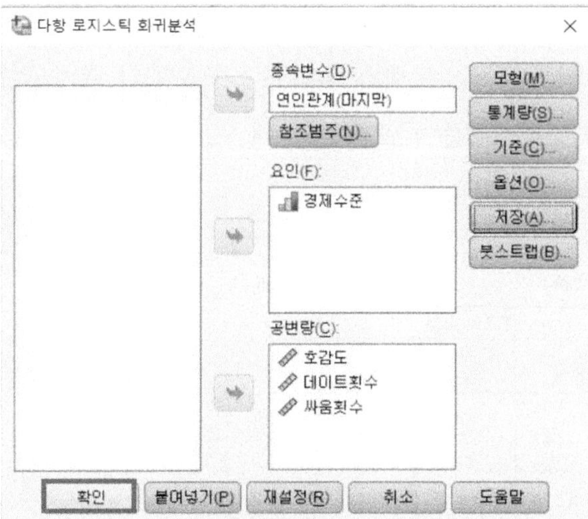

산출된 결과를 하나씩 살펴보면 먼저 모형 적합 정보가 나타는데, 여기서 '절편만'은 예측변수를 포함하지 않은 영모형의 -2Log Likelihood(-2LL)이고, 최종모형은 예측모형이 포함됐을 때 우도비이다. 최종모형은 '절편만' 있는 영모형에 비해서 적합도가 유의미하게 개선됐다(χ^2=37.14, df=12, $p<.001$).

모형 적합 정보

모형	모델 맞춤 기준	우도비 검정		
	-2 로그 우도	카이 제곱	자유도	유의확률
절편 만	39.911			
최종모형	2.773	37.139	12	.000

다음은 모형 적합도 기준으로 다양한 R2값이 나타나는데, 통상 Negelkerke의 R2값을 다른 모형과 비교하여 판단한다.

Pseudo R-제곱

Cox 및 Snell	.844
Nagelkerke	.957
McFadden	.870

우도비 검정 결과를 살펴보면 최종모형과 예측변수가 포함된 축소모형의 -2LL차이를 보여주는데, 경제수준이 포함됐을 때 -2LL이 23.12만큼 감소하여 유의미한 χ^2값을 보여준다.

우도비 검정

효과	모델 맞춤 기준	우도비 검정		
	축소모형의 -2 Log 우도	카이 제곱	자유도	유의확률
절편	2.773[a]	.000	0	.
호감도	3.819	1.047	2	.593
데이트횟수	8.080	5.308	2	.070
싸움횟수	7.042	4.270	2	.118
경제수준	23.118	20.345	6	.002

카이제곱 통계량은 최종모형과 축소모형 사이의 -2 Log 우도 차입니다. 축소모형은 최종모형에서 효과 하나를 생략하여 만든 모형입니다. 영가설은 효과의 모든 모수가 0입니다.

a. 이 축소모형은 효과를 생략해도 자유도가 증가되지 않으므로 최종모형과 동일합니다.

즉, 연인관계에서 결혼 희망이 될 확률에는 경제적 수준이 유의미하게 긍정적인 영향을 주는 것으로 나타났다.

4.5. jamovi에서 다항 로지스틱스 회귀분석

이번에는 동일한 데이터로 jamovi에서 다항 로지스틱스 회귀분석을 수행하기 위해 jamovi를 실행하고 데이터를 불러온다.

다음은 Analyses → Regression → N Outcomes Multinomial을 클릭한다.

Multinomial Logistic Regression대화창이 열리면 Dependent Variable에는 연인관계, Covariates에는 연속변수인 호감도, 데이트횟수, 싸움횟수를 보낸다. 그리고 서열변수인 경제수준은 Factors에 보낸다.

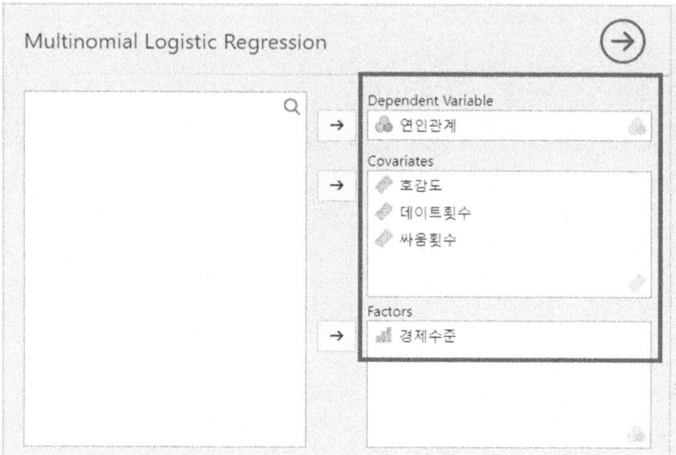

jamovi에서는 명목 혹은 서열변수의 참조집단이 default값은 1로 지정되어 있어나 연구에 필요한 경우 다른 집단으로 바꿀 수 있다.

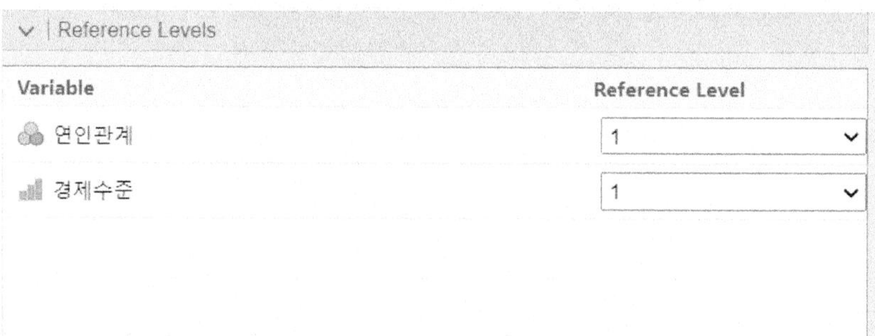

다음으로 Model Fit을 누르고 필요한 적합도 지수와 유사 카이제곱 지수들을 선택한다.

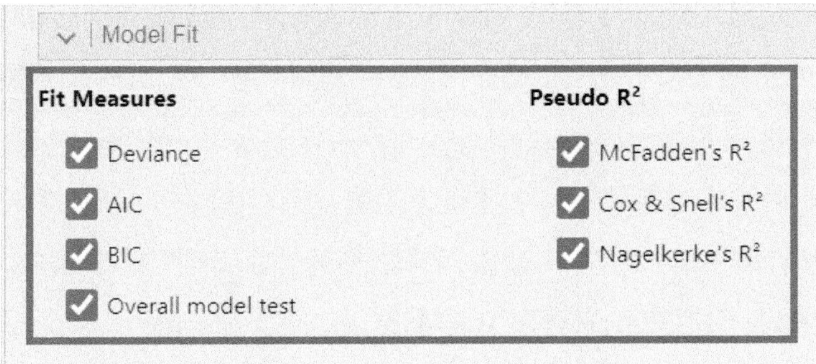

Model Coefficients - 연인관계

연인관계	Predictor	Estimate	95% Confidence Interval Lower	Upper	SE	Z	p	Odds ratio
2 - 1	Intercept	-25.6	-384.9	333.6	183.30	-0.1399	0.889	7.27e-12
	호감도	50.0	-143.9	243.9	98.93	0.5051	0.613	5.03e+21
	데이트횟수	-31.4	-465.5	402.6	221.46	-0.1419	0.887	2.24e-14
	싸움횟수	-34.2	-369.4	301.0	171.04	-0.1999	0.842	1.42e-15
	경제수준:							
	2 - 1	25.5	25.5	25.5	2.31e-12	1.10e+13	< .001	1.23e+11
	3 - 1	22.8	-346.0	391.5	188.16	0.1209	0.904	7.61e +9
	4 - 1	-82.1	-85.1	-79.0	1.56	-52.5132	< .001	2.30e-36
3 - 1	Intercept	70.3	-114.0	254.6	94.04	0.7477	0.455	3.44e+30
	호감도	-12.7	-213.0	187.7	102.21	-0.1240	0.901	3.15e -6
	데이트횟수	-22.4	-728.5	683.7	360.26	-0.0623	0.950	1.82e-10
	싸움횟수	49.9	16.6	83.3	17.00	2.9371	0.003	4.86e+21
	경제수준:							
	2 - 1	28.5	28.5	28.5	2.39e-12	1.19e+13	< .001	2.39e+12
	3 - 1	-71.5	-257.1	114.0	94.69	-0.7555	0.450	8.55e-32
	4 - 1	-108.6	-108.6	-108.6	9.42e-17	-1.15e-18	< .001	7.12e-48

위 결과를 살펴보면 먼저 연인관계의 기준집단인 1(결혼 희망)과 2(관계 유지)를 유의미하게 예측하는 독립변수는 경제수준이다. 경제수준은 1=매우 낮음~5=매우 높음까지인데, 경제수준 2는 경제수준 1보다 결혼 희망보다는 관계 유지를 선택할 확률이 유의미하게 높다(p〈.001). 또 경제수준 4는 경제수준 1에 비해서 결혼 희망보다 관계 유지를 선택할 확률에 부정적 영향을 준다. 즉, 바꿔말하면 관계 유지보다는 결혼 희망을 할 가능성이 매우 높다.

다음으로 기준집단인 1(결혼 희망)과 3(결별 희망)을 비교해 볼 때 경제수준만 유의미한 영향을 주었다. 경제수준 2는 경제수준 1에 비해서 결혼 희망보다는 관계 유지를 선택할 가능성이 유의미하게 높고, 경제수준 4는 경제수준 1에 비해서 결혼 희망보다 결별 희망을 선택할 확률이 유의미하게 낮다. 즉, 결별 희망보다 결혼 희망을 선택할 가능성이 유의미하게 높다.

이러한 확률을 그래프로 표현하기 위해 Estimated Marginal Means를 클릭하고, Marginal Means창의 Add New Term을 클릭한다.

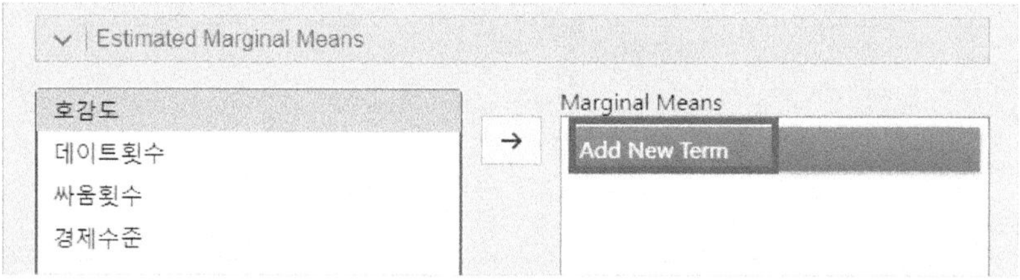

이 분석창에서는 세로축에 확률, 가로축에는 예측변인의 수준에 따른 확률의 변화를 보여준다. New Term에 유의미한 예측변인인 경제수준을 드래그해서 넣는다.

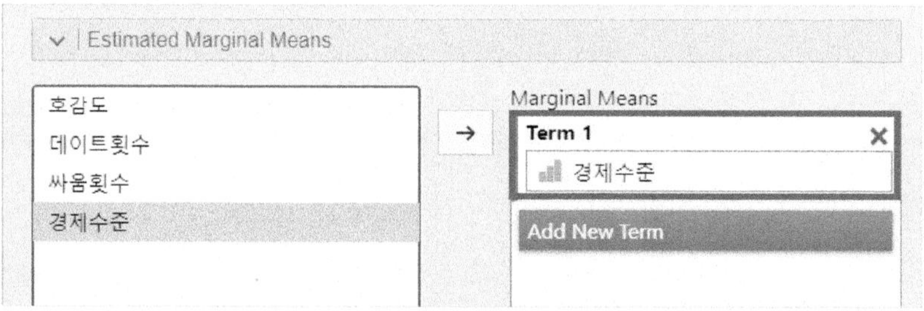

그러면 오른쪽 결과 창에 경제 수준에 따라 연인관계가 나타날 확률을 보여준다. 예측변인이 서열변수로 비연속 데이터이므로 각 경제수준별 관계가 나타날 확률이 0, 1로 표시된다. 즉, 경제수준 1, 2에서는 '결별 희망', 경제수준 3에서는 '관계 유지', 경제수준 4에서는 '결혼 희망'이 나타날 확률이 100%이다.

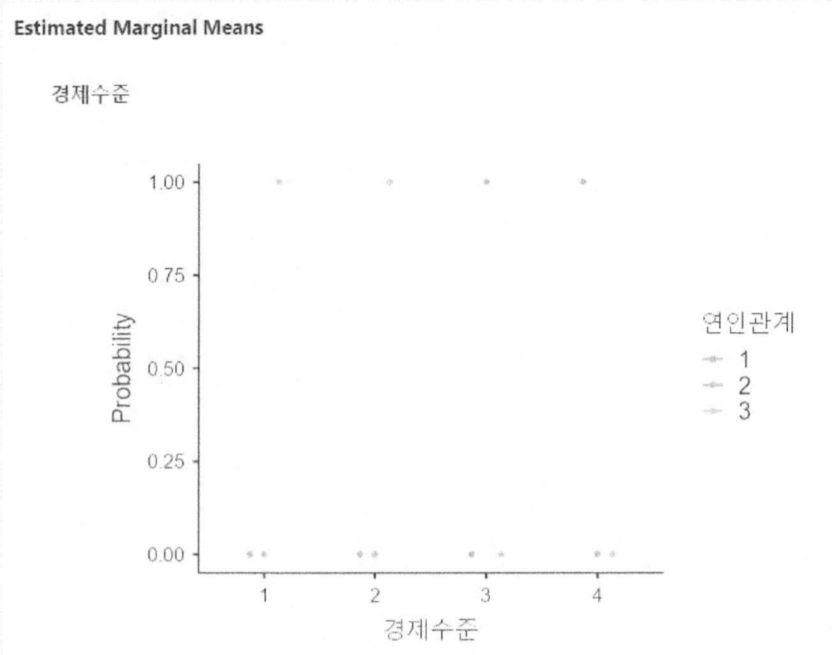

유의미하지는 않지만 연속변수가 예측변인일 때 나타나는 확률 그래프를 보기 위해서 Add New Term을 눌러서 유의미성이 두 번째로 높았던 데이트 횟수를 예측변인으로 드래그해서 넣는다.

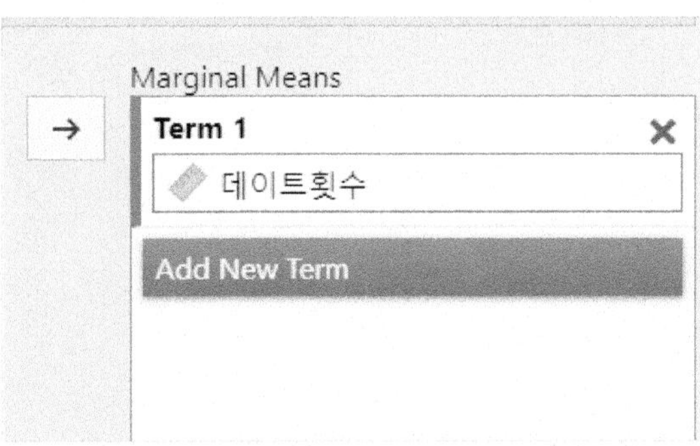

우측 결과창을 살펴보면 데이트 횟수에 따라서 각 수준의 연인관계가 나타날 확률이 그래프로 제시되어 있다. 데이트 횟수가 증가할수록 '결혼 희

망'을 선택할 확률이 높아지고, 데이트 횟수가 적을수록 '결별 희망'을 선택할 확률이 증가한다는 것을 가시적으로 보여준다.

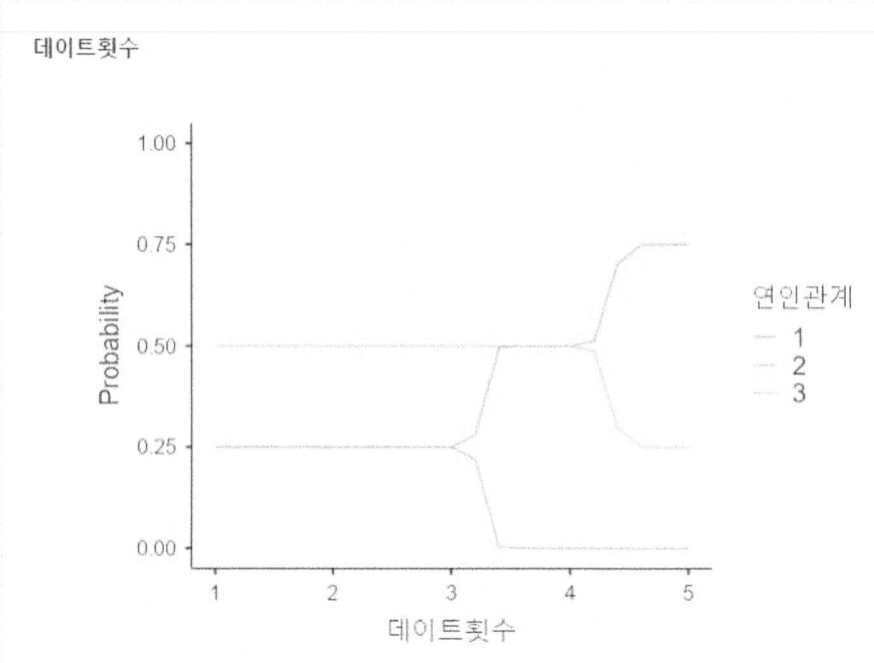

그래프 아래에는 데이트 횟수의 평균(μ=2.80회), 평균 - 1SD(1.29회), 평균 +1SD(4.31회)에서 각 연인관계 유형이 나타날 확률(probability), 표준오차(SE), 95% 신뢰구간이 제시되어 있다.

Estimated Marginal Means - 데이트횟수

데이트횟수	연인관계	Probability	SE	95% Confidence Interval Lower	Upper
1.29 ⁻	1	0.250	1.75e-17	0.250	0.250
	2	0.250	1.09e-11	0.250	0.250
	3	0.500	1.09e-11	0.500	0.500
2.80 µ	1	0.250	1.78e -5	0.250	0.250
	2	0.250	1.78e -5	0.250	0.250
	3	0.500	1.75e-13	0.500	0.500
4.31 ⁺	1	0.589	66.6	-142.239	143.417
	2	1.40e-15	6.15e-13	-1.32e-12	1.32e-12
	3	0.411	66.6	-142.417	143.239

Note. ⁻ mean - 1SD, µ mean, ⁺ mean + 1SD

데이트 횟수가 평균일 경우 결혼희망이나 관계유지를 선택할 확률은 25%, 결별 희망을 선택할 확률은 50%이다. 데이트 횟수가 $\mu+1SD$일 경우는 결혼 희망을 선택할 확률은 58.9%로 상승하고, 결별 희망을 선택할 확률이 41.1%로 낮아진다. 데이트 횟수가 $\mu-1SD$일 경우는 결혼 희망이나 관계유지를 선택할 확률은 25%이고, 결별 희망을 선택할 확률이 50%로 높아진다.

참고문헌

문수백(2016). **사회과학연구를 위한 기초통계학의 이해**. 서울: 신정.

성태제(2020). **현대기초통계학: 이해와 적용(8판)**. 서울: 학지사.

Aiken, L. S., & West, S. G. (1991). *Multiple Regression: Testing and Interpreting Interactions*. Sage.

Cohen, J., Cohen, P., West, S. G., & Aiken, L. S. (2003). *Applied multiple regression/correlation analysis for the behavioral sciences* (3rd ed.). Mahwah, NJ: Lawrence Erlbaum Associates.

Hayes, A. F. (2013). *Introduction to mediation, moderation, and conditional process analysis: A regression-based approach*. NY: The Guilford Press.

Hosmer Jr., D. W., Lemeshow, S., & Sturdivant, R. X. (2013). *Applied Logistic Regression*. Wiley & Sons.

Keith, T. Z. (2014). *Multiple Regression and Beyond: An Introduction to Multiple Regression and Structural Equation Modeling*. Routledge.

Preacher, K. J., & Hayes, A. F. (2004). SPSS and SAS procedures for estimating indirect effects in simple mediation models. *Behavior Research Methods, Instruments, & Computers, 36*(4), 717-731

Tabachnick, B. G., & Fidell, L. S. (2019). *Using Multivariate Statistics* (7th ed.). Pearson.

spss와 jamovi를 이용하여 **회귀분석과 친해지기**
저자 정병삼

정가 12,000원
ISBN 978-89-5568-534-3
발행일 2025년 11월 30일

출판사 도서출판 양서각
주소 경기도 가평군 청평면 소돌말길 7-6
전화번호 010-2063-5489

반품처 서연물류
주소 경기도 파주시 장터고개길 120
전화번호 010-9228-7723